藏在科学中的哲学

著名科普作家
李 逆 熵——著

海峡出版发行集团 THE STRAITS PUBLISHING & DISTRIBUTING GROUP | 福建科学技术出版社 FUJIAN SCIENCE & TECHNOLOGY PUBLISHING HOUSE

序

我的科学哲学追寻之旅

科学是我毕生的挚爱，哲学则是第二，两者密不可分。

之所以密不可分，是因为两者都源自笔者对真理的热切追求：因为追求真理而爱上科学，因为进一步追问“真理是什么”而爱上哲学。

我在科学上的启蒙，是小学六年级时，在香港大会堂儿童图书馆借阅的“中华通俗文库”丛书。至于哲学上的启蒙，则是中学一年级阅读的《人类的前途》。《人类的前途》是美国科普作家乔治·哈里森(George Harrison)于1956年所写的，原著名是 *What Man May Be – the Human Side of Science*。笔者看的，是今日世界出版社于1964年出版的中文译本，译者是易家愿先生。

书中有很多令我印象深刻的句子，以下是其中一些：

“凡是热爱人类的人都应该自行努力，以求熟悉科学的方法和了解科学的意义。事实上，今天谁若不对科学方面的事情相当熟悉，就没有资格自称为有文化的人。”

“世人每每对真理偶然一瞥，便产生一个主义，这是十分危险的。”

“英国诗人济慈说：‘美就是真，真就是美。’而科学是对真理的有系统探索。”

“科学所产生的技术进步，对世界虽很重要，却远不如科学所能帮助加快的心智进步和灵性进步那么重要。”

书中引用了释迦牟尼的一段话，给我带来了很大的震撼。奇妙的是，这个震撼直至今天（近半个世纪后）仍未完全消失：

“不要仅因为别人告诉你一件事你就相信，不要因它是传统的就置信，也不要因你自己的想象而相信。只可相信你查明是有益于善，有利于诸事的事。”

从表面看来，它似乎违反了科学客观求真的精神。但即使当时在读初一的我，也隐约感觉，所谓“违反”只是表面的，因为它说的，应是更高层次的一种智慧。

初二时，我大胆转往大会堂的成人图书馆借阅图书。很快，我便碰上了我在哲学上的第二位启蒙老师——罗素，就是于1950年获得“诺贝尔文学奖”的罗素。这时，我看的已经不是中译本，而是英文原本。他的哲学专著深度大大超越了我当时的阅读水平，所以我看得最多的，是他的散文集以及一些较通俗的作品。可以这么说，我的世界观和人生观很大程度上是在罗素的影响下形成的。

大众文化对我的影响也很大，我说的是美国科幻电视剧《星际迷航》（*Star Trek*）的角色之一史波克（Mr Spock）。

在电视剧中，史波克是地球人和瓦肯人的混血儿，他具有地球人的感情，也具有瓦肯人那种超级理性、凡事讲求逻辑的心智。他的一句口头禅是我的至爱：

这不合符逻辑！（It's not logical!）

在我心目中，他是善良和理性的完美结合，是人类未来演化的典范。

那个时候，不少人对科幻的认识只限于美国的《超人》（*Superman*）漫画和电影，以及日本的《奥特曼》（*Ultraman*）。但少年的我已经深深感到，《星际迷航》跟上述的科幻作品截然不同，而这种不同正是令我钟爱不已之处。但在很长一段时间里，我说不出这种不同是什么，直至初三的某一天，同学们都十分仰慕的地理老师在上课时，不知怎地讲起《星际迷航》这部电视剧，并且说他也十分喜爱观看。最后他补充说："《星际迷航》与其他的超人打怪兽的电视剧不同，故事中包含着不少哲理。"轰——我当下就像被电击一样，心中大叫："对了！这就是我喜爱这部电视剧的原因！"

就是这样，我毕生最喜爱的小说和电影，都是包含着深刻哲理的作品。就科幻小说而言，刘易斯的《太空三部曲》、霍伊尔的《黑云》以及莱姆的《索拉里斯星》等都是我至爱的作品。

读高中那年的暑假，我写了第一篇与哲学有关的文章。

虽然我在大学时念的是物理学，却从未停止阅读哲学的著作。大三时，得知文学院有一个开放给其他学院学生选修的课程——科学哲学，我毫不犹豫就报了，因此有机会阅读到波普尔（Karl Popper）和库恩（Thomas Kuhn）等的著作。本书收录的《乌鸦的困惑》就是那时的一份功课，而《三分钟宇宙》则是受到波普尔的"伪证主义"影响而创作的。

1994 年至 1998 年间，笔者与家人移居澳大利亚悉尼，并先后在悉尼大学的"科学哲学与史学学系"和新南威尔士大学的"科学与科技研究学院"取得硕士和博士学位。本书中《穿梭时空的外星人》一文，便是为了两所大学合办的一个研究生学术会议而写的。

踏进 21 世纪，笔者有一个强烈的愿望，就是建立一套能够将科学与人文融通的“科学人文主义”，但因为时间有限，直到 2002 年才抽空写了《科学人文主义刍议》一文。

多年来，我在大学和中学进行专题讲座之时，都会提供多个议题给主办方选择，如宇宙探秘、思考方法、领导才能、全球暖化、科幻欣赏……约十年前，我在这些议题中加入了“从宇宙观到人生观”。最初，我以为很少人会选择这么抽象且高深的议题，但令我喜出望外的是，它竟然成为最受欢迎的议题！

2017 年，我将讲座内容整理成《论尽宇宙》一书。表面看来这是一本科普著作，但其间也包含了我的一些哲思，例如：“‘母爱是伟大的’和‘母爱是进化的产物’之间并不存在矛盾……人类一天未能看透这个事实，便一天未能离开孩童时代而成为一个睿智的族类。”“与大自然的浩瀚相比，人类的喜怒哀乐是微不足道的。然而，它却是我们最珍贵的东西。”“文明在进步还是退步？有如本书所提出的‘天有眼？天无眼？’，各位必须自己寻找答案。”“希望大家以后能够不断‘品味宇宙、品味人生’。”

2019 年，我写了《人类的处境——价值与意义的追求》一书，更全面地阐述了我对宇宙和人生的看法，这本书入围了 2020 年的“香港书奖”。

至此大家应该清楚，本书虽然称为《藏在科学中的哲学》，却不是一本哲学专著，而笔者也没有受过专业的哲学教育。正如我热爱天文学却不是一个天文学家一样，我热爱哲学也不是一个哲学家。鼓励着我进行哲学探索的，是何秀煌先生在他的著作《0 与 1 之间》的一席话：

“我喜欢思考，我喜爱它胜于一切……每天在不断思考中得到理解、快乐与平安；也在不断思考中试图拨开迷雾，窥探人类的命运与前途。”

更令我鼓舞的话：

“我常常提醒自己不要在哲学的字堆里迷误。我看过许多读哲学的人变得虚无，变得头脑不清楚。他们常常用文字筑起一个一个的思想迷阵，游戏其间，由这一个通到另一个，迷惑自己和迷惑别人……读哲学而不能成为思想家，则离腐朽不远矣！”

这个序也够长的了。现在就请大家启航，与笔者共同体验一场又一场的思辨之旅吧！

李逆熵（李伟才）

目录

第一部

从微小的生活困惑开始哲学发想

儿童哲学家

哲学家之特质1

所有哲学家都与“问题儿童”无异！

我曾经在不少场合提出，儿童往往是世界上最伟大的哲学家。这是因为他们对万事万物都充满好奇，并且喜欢打破砂锅问到底。我们每个人都曾经身为儿童，可是我们的哲学天资跑到哪里去了？事实证明，作为“过来人”不一定使我们更为聪明。相反，我们越长大，头脑便越僵化。更为可悲的是，我们还自以为十分聪明，因为我们“懂得”不去再问那些“傻问题”了！

月亮与彩虹

·月亮为什么会跟着人跑？

不少人儿时都有过这个疑问：“月亮为什么会跟着人跑？”未来你要是身为父母，也很可能会被你的孩子问及这样一个问题。那时，作为“过来人”的你，会怎样回答呢？

你可能会一笑置之，然后告诉你的孩子：“月亮怎会跟着人跑呢！不要再问这种傻问题了！”

唉！如果你真的这么回答，你可能已经扼杀了一个正在萌芽的科学家或哲学家。

或许你也听过这样的一句话：“世上没有愚蠢的问题，有的只是愚蠢的答案。”(There are no silly questions, only silly answers.) 还有另一句同样精辟，却难以翻译得很传神的话：“Don't assume anything without thinking it through. If you ASSUME, you will make an ASS out of U and ME!”（切勿不假思索便妄作假设，否则你会令我们都变成大笨蛋！）

孩子问月亮为什么会跟着人跑，我们便立即定义这是一个“傻问

题”。殊不知这个问题问得其实很有深意。月亮跟着人跑固然是一种错觉，但错觉之所以会发生，是因为月亮比起路旁的树木甚至远处的高山都遥远很多，所以我们无论如何移动，都察觉不到它的视差（parallax）。也就是说，相对于我们，它都处于同一个方位，因此在感觉上便出现了“跟着我们跑”的现象。

稍微了解测量与天文学的人都知道视差的重要性。在地上，它可以帮助我们测量大地；在天上，它可以帮助我们探知我们与恒星的距离。事实上，人类最先测量的星际距离（半人马座主星南门二跟我们的距离），便是靠视差法获得的。

·为什么我们总找不到彩虹的尽头？

与“月亮跟着人跑”相类似的另一个问题：“为什么我们总找不到彩虹的尽头？”也就是说，不管我们朝着天空中的彩虹跑多久，彩虹仍离我们那么远！如果你没有学过物理，恕笔者卖个关子，请你找一些学过物理的朋友来解释看看，看他能否解释得令你满意。

回想起来，笔者也曾是不俗的儿童哲学家。我提出过的一些问题，堪称“傻问题”甚至“白痴问题”的典范。不信？请看看：

- 我为什么是我？我为什么不可以是另一个人?
- 我为什么是人而不是其他动物?
- 我为什么是男孩而不是女孩?
- 我为什么是中国人而不是美国人?

对于儿时的我，这些都是最自然不过的问题。等我长大后才知道，这些存在性问题在哲学中都是享有名堂的。

如果认为这些问题太富“哲学智慧”而不够“白痴”，请看看以下这两个问题:

- 为什么一辆行驶中的车子可以超越另外一辆行驶中的车子?
- 为什么玩具车不会撞坏玩具公仔，但真车却会撞死人?

真车杀人事件

·为什么本来尾随的车辆超车了?

作为万物之灵，我们都以拥有理性分析能力而自豪。但这种能力并不是从天上掉下来的，而是人类在历史的实践中逐步锻炼得来的。

例如在我们的眼中，事物的数量是一个最基本的概念。即使还在上幼儿园的小孩，也懂得从一数到十或十以上。但人类学家在研究一些与世隔绝的原始部落时，曾发现一些部族的成员只懂得数一、二、三，凡是多于三的他们都统称为“很多”。数量观念如此不发达的思维，在我们看来简直匪夷所思。

同样令人匪夷所思的，是我幼年时(大概上幼儿园的时候吧)提出的一个问题:“我坐着的车子正在行驶，而另一辆车子也正在向同一方向行驶;为什么不久之后，那辆车子竟可以跑到我坐的车子前头呢?”

在这个“傻”得可以的超车之谜背后，其实包含着一个小孩对运动的认识过程。简单地说，当时的我只懂得区别动与静两种状态，却不懂得同样在运动的物体，可以具有不同的相对速度，因此可以出现超车的现象。

不要小看相对速度这个概念。在物理学中，这涉及运动的参考坐标系。自伽利略到牛顿到马赫，再到爱因斯坦，科学家对这一问题做了层层深入的研究。这个“傻问题”所引出来的答案可绝不简单呢!

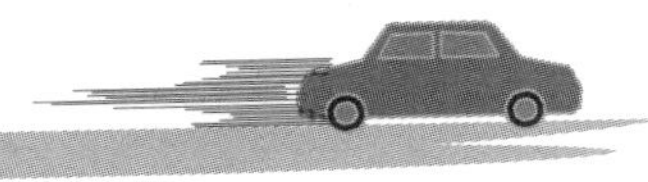

·为什么真车会撞死人?

我在儿时所提出的另一个傻问题是，玩具车碰不破玩具公仔，为什么真的车却会撞死人呢?

你可能会说，玩具车的速度比真车小很多，所以破坏力也小得多。但这是一个不能令人满意的答案。因为按照玩具车的大小比例，它可以达到的相对车速绝不在真车之下。

其实我也是到很晚(中学毕业以后)才找出问题的真正答案。广义地说，答案的名称是“量变与质变的关系”。更确切地说，这是平方－立方定律(square-cube law)发挥作用的结果。

我们对恩格斯在《自然辩证法》(*Dialectics of Nature*)中有关“量变与质变”的阐述应该不陌生。但事实上，有关的概念并不新鲜。较恩格斯早三百年的伽利略，就已从力学的角度探讨过这一问题，并提出了一条名为相类原理(principle of similitude)的规律。

不过，首先把平方－立方定律应用于生物体形研究的，是20世纪的生物学家霍尔丹(J. B. S. Haldane)。他于20世纪50年代所写的文章——《大小适中》(*On Being the Right Size*)，堪称这方面的经典之作。

困扰伽利略的问题：“我们可以将一条木板当作桥梁以横渡一条小溪，但为什么不可以用一条形状一样，只是体积大很多的‘超级木板’以横过一条大河呢？”当然，在现实生活中，我们无法找到这样一块“超级木板”，但伽利略想说的是，即使能够找到这样的一块木板，也不能起到桥梁的作用。

霍尔丹提出的问题：“为什么蚊子和蚂蚁的身体这么纤细，大象和犀牛等的身体却这么粗大？”换一个角度看：“为什么自然界中没有大象般巨大的蚊子，或蚊子般细小的大象呢？”

伽利略的“桥梁之谜”、霍尔丹的“蚊象之谜”和笔者的“真车杀人事件”其实都有同一个答案。物体的大小变化（量化）必然导致物体结构和其他属性的变化（质变）。更确切地说，物体的边长增加一倍（乘二），其面积（包括表面面积和横切面面积）便会增加四倍（二的平方），而体积（以及重量）则会增加八倍（二的立方）。把蚊子放大百倍，它的腿会加粗一万倍，体积则会变大一百万倍，你叫它怎能站得起来呢？

简单的结论是，物体越大相对会越脆弱。小猫和玩具车从其十倍身高处坠向地面可以丝毫无损，但大象和真车同样从其十倍身高处坠向地面则会车毁象亡。这便是“真车杀人事件”的真相！

▼把蚊子放大百倍，它的腿会加粗一万倍，体积则会变大一百万倍。物体越大相对会越脆弱。

时钟的困惑

· 时间的流逝是连续的还是不连续的？

学会看时钟是我们每个人儿时的必经历程。时钟滴答滴答地走，既掌管着我们的起居饮食，也表示着时间不断从“未来”变成“现在”再变成“过去”的永恒流逝。看着钟面的变化，似乎已让人自然地变成哲学家。

儿时的我，也往往看钟面看得入迷。但除了隐约感受到上述的哲学思想之外，我其实更被另一个现象所吸引。因为我发现那时的时钟主要分两大类：第一类的分针并不经常移动，只是每到一分钟才跳动一格；第二类的分针，乍看好像静止不动，但长时间观察，则可察觉其极缓慢的移动。不用说，这分针也是在一分钟之内移动一格，只是这一移动是由几乎无法察觉的缓慢移动累积而成的。

还有一些时钟，同样的现象以更细微的变化发生在秒针上。虽然大部分时钟的秒针都是每秒跳动一格，但在一些时钟的钟面上，秒针是在连续不断移动的。

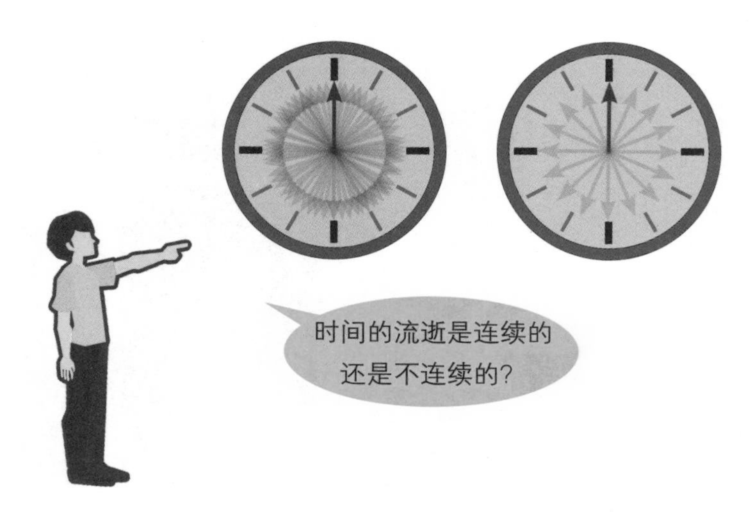

即使当时年幼的我，当然也明白时钟指针的运动是连续的还是不连续的，其实是人为设计的结果。但这一现象却引起我心中一连串的疑问：“时间的流逝，究竟是连续的还是不连续的呢？”以分针而言，每跳一下之间所停顿的时间是很明显的。但是到了秒针，这一停顿时间已大大缩短，变成一瞬即逝。如此推论下去，一些看似连续运动的秒针，是否也由无数极细微的不连续运动所组成？我们之所以觉得运动连续，可能只是因为每次停顿的时间极短，以致我们无法察觉罢了！也就是说，看似连续的运动可能由不连续的运动所组成。

可是从另一角度看，时针的运动带来了另一种启示。试想想，我们每次看钟面，看见都是时针指着某一位置。你看见它在运动吗？没有。但是，当我们每隔一段时间再看它时，它却处于不同的位置。也就是说，看似不连续的停顿，背后其实蕴含着连续性的运动。

我们当然知道，时针其实没有一刻停顿。只是它的移动速度太慢了，通过短时间的观测并不容易察觉。我们难以区分太慢的运动（例如一支较时针慢一万倍的指针运动）跟停，以及太短暂的停顿（例如较秒针停顿的时间短一万倍的指针运动）与连续的运动，这真是一种“你中有我、我中有你”的奇怪关系。当时年幼的我当然未听过什么辩证法，否则我会称之为“辩证关系”。

飞鸟之影，未尝动也

・一半的一半，永远有一半？

时钟钟面的指针运动，只是困惑的开端而不是终结。当时的我这么想：假设运动的本质是不连续的，这将意味着什么？让我们回看秒针的运动。虽然我们把秒针一格一格的跳动形容为不连续，但事实上秒针由一格跳到另一格，其间所进行的仍然是一种连续性的运动。如果我们把上述假设推至其逻辑的结论，我们便必须假设，这一个连续运动其实由无数个不连续的微型跳动所组成，而每一个微型跳动由无数个更小的超微型跳动所组成，而每一个超微型跳动也由……

这一划分可以无限地进行下去吗？如果可以，那么不连续运动跟连续运动没有区别。如果不可以，那么我们仍会得到一个个超微型的连续运动。似乎无论我们怎么答，都会推翻“运动是不连续”的假设！

在此我要稍微解释为什么我会有“运动的本质是不连续的”这个古怪念头。这是因为我在上小学时，就已从儿童图书馆的科普书籍中认识到现代物理学中的原子论。原子论告诉我们，看似连续的物质（如一块金属或一杯水），其实是由无数个不连续的单元（原子、分子）所组成。当然，我的“运动不连续论”其实是这种“物质不连续论”的一种引申。

但运动的不连续性似乎较物质的不连续性有着更大的谜团。一些人可能以为，运动不可被无限分割，就如同时间和空间不可被无限分割。在很大程度上这是对的。让我们假设时间是由不可分割的基本单元 t 组成，而空间（让我们只考虑长度）则由不可分割的基本单元 x 所组成。那么最基本的运动单元，便是在时间 t 内跨越的距离 x。

问题是，物体在有限的时间 t 内跨越有限的距离 x 时，其间所作的运动不也是连续的吗？没错，由于我们假设时间 t 和距离 x 不可进一步被分割，因此这段连续运动也不可以再被分割。

那么什么才是真正的不连续运动呢？唯一的答案似乎只能是物体每一刻都没有动，却又每一刻都处于不同的位置。换一个角度看，就是物体能从 A 点转移到 B 点，却不用经过 A、B 两点之间的任何位置！

以刚才建立的“时空原子论”来描述，就是物体在时间 t 的起点时位于距离 x 的起点，在时间 t 的终结时位于距离 x 的终点，而其间没有经过 x 中间的任何位置。

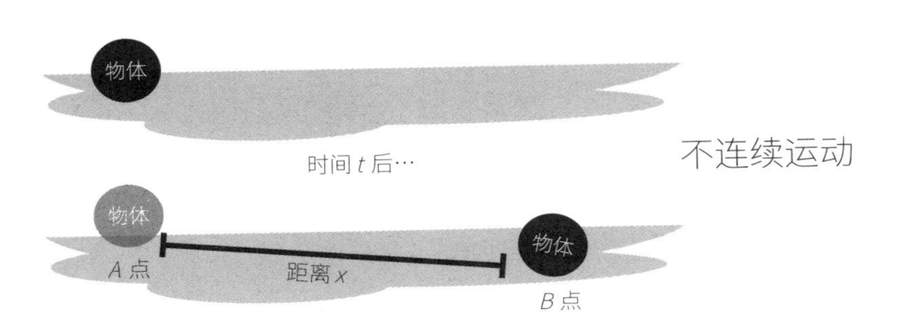

从严格的“时空原子论”的观点看来，上述情况完全是“合情合理”的。因为如果我们假设x已是最小的长度单元，那么物体正处于x的四分之一、三分之一或二分之一的位置是完全不合理的。如果我们能够得到x的四分之一这段距离，那么x本身又怎会是最短的距离呢？

当时年幼的我，当然无法把我的推敲像上述般清楚地表达出来。但这些都曾是我模模糊糊思索过的东西。很多年后，我才知道早在春秋战国时期，我国便已有“一尺之棰，日取其半，万世不竭”（即今天取其一半，明天取其一半的一半，后天再取其一半的一半的一半，如是者，总有一半留下，万世都取不完）的空间连续（无限可分）的推想，以及“飞鸟之影，未尝动也”（即飞鸟在每一瞬间都只能占据一个固定的位置，所以它是没有动的）的运动不连续的大胆推论。

上高中时，我才知道这些儿时的困惑正是2000多年前由古希腊哲学家芝诺提出的“芝诺悖论”（Zeno's Paradoxes）（这是芝诺在公元前464年至公元前461年提出的一系列关于运动的不可分性的哲学悖论）。后来，我认识到量子力学揭示的有关电子跃迁（electronic transition）（这是指原子中的电子从一个能级因吸收能量而迁移到更高能级，或因释放能量而迁移到更低能级的过程）和“隧道效应”（tunnel effect）（这是指电子等微观粒子能够穿过本来无法通过的能量壁垒）等惊人的“瞬时现象”。

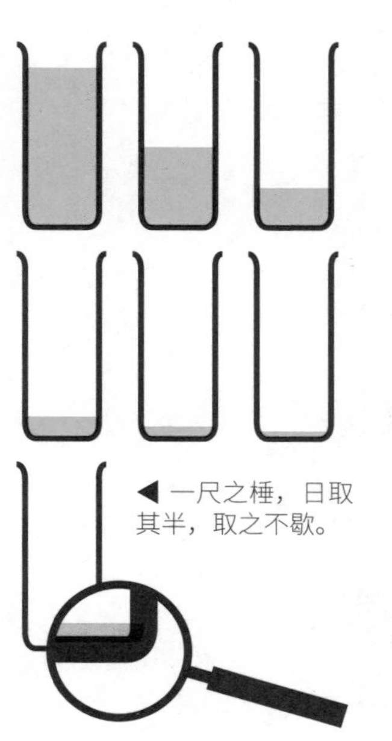
◀ 一尺之棰，日取其半，取之不歇。

唉！为什么我想到的东西，别人总是很早就想出来了呢？

梦中谜及其他

儿时的我，甚至现在的我对时间、空间、运动等议题有不少疑问，例如："时间有起点和终点吗？起点前和终点后是什么？"又或是"是时间的存在令运动存在？还是运动的存在令时间存在？"等。由于篇幅关系，让我们转向两个来自日常生活，并且和我们的臭皮囊有切身关系的疑团。它们分别是"睡梦踏空之谜"和"嗜腥好辣之谜"。

· 睡梦踏空之谜

你有过在睡梦中脚部突然猛地抽动的经历吗？年少时的我，这种经历是常有的。这种身体不受意志指挥而自我运动的现象本身就够引人入胜了，但更令我困惑的是，我每次因抽动惊醒时，都有一种踏进沟渠而失去平衡的感觉。有时这种感觉很明显是梦境的一部分。也就是说，我们在梦里被人追逐，途中不慎踏进沟渠（也可能是掉下悬崖），于是脚部猛地抽动并惊醒。从这个角度看，梦境的发展是因，而脚部抽动是果。

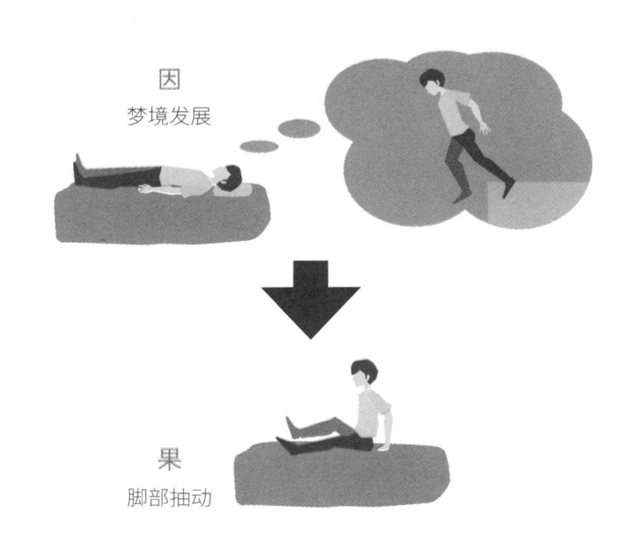

但这不可能是全部的真相。因为很多时候，我无论怎么回忆也记不起脚部抽动前有何梦境，唯一有的，只是惊醒时那种踏进沟渠的感觉。我对此的推论：这种脚部抽动其实是由神经网络一些偶发的错乱信号所引起的，而踏进沟渠的感觉是我们的大脑对这一信号的合理化解释。（抽动大多只发生在一只脚而非同时发生在一双脚上，可说是对这一推论的有力佐证）

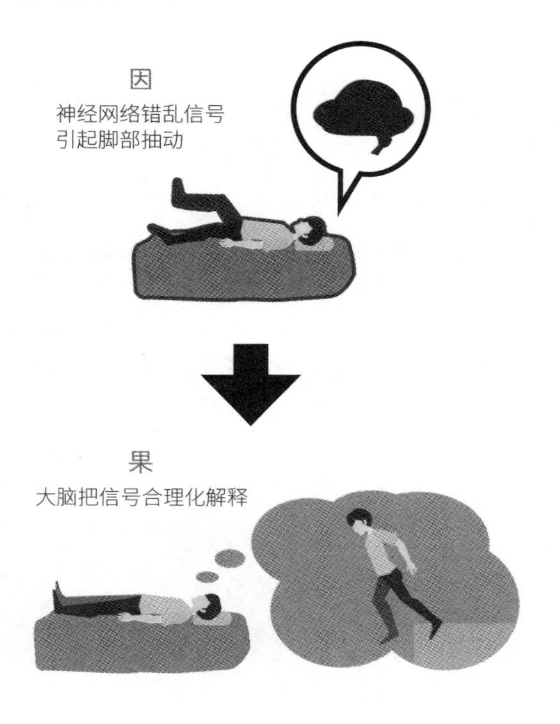

如果推论正确，则引来了更大的谜团。因为在时间上，大脑解释必然在错乱信号之后，但感觉上踏进沟渠却发生在脚部抽动之前！没错，这儿谈的“前、后”都只是电光石火间（百分之几秒）的事情。尽管时间多么短，因果的次序总是不能逆转的！

一个令人匪夷所思的臆测：大脑是否有能力将时间——至少在意识上——逆转呢？

• **嗜腥好辣之谜**

儿时的我最怕鱼腥，也不吃辣。经过了数十年的锻炼，如今我已能吃不太腥的鱼和不太辣的菜。长久以来困惑着我的问题：“为什么有人完全不怕腥？也有人完全不怕辣，甚至‘无辣不欢’呢？”为了方便起见，下面让我们集中对“辣”进行分析。

即使是儿时的我，也已想到了两个截然不同的可能性：

（甲）不怕辣的人具有与众（至少是与我）不同的味觉器官，因此即使很辣的东西他们也不觉得辣。

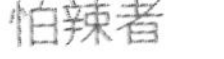

味觉器官对辣的反应★★★★

嗜辣者

味觉器官对辣的反应★

（乙）辣的主观感觉人人一样，只是嗜辣者的忍耐力特强，甚至喜欢上常人忍受不了的这种感觉。

味觉器官对辣的反应★★★★
忍耐力★

味觉器官对辣的反应★★★★
忍耐力★★★★

相信大部分人都会同意，真正的答案很可能是（甲）与（乙）的混合体。试问：一个嗜辣者的嗜辣冲动究竟有多少是在常人的忍耐范围之内，有多少是在常人的忍耐范围之外呢？这个问题不仅困扰着数十年前的一个儿童哲学家，即使对今天这个超过不惑之年的非哲学家而言，仍然是一个极大的困惑呢！

乌鸦的困惑

哲学家之特质 2

哲学家就是要不断去思考真与假！

“既非黑色的也非乌鸦的事物的存在，证实了所有乌鸦都是黑色的。”这个看似没毛病的结论，便是著名的“乌鸦悖论”（the Raven Paradox）。“乌鸦悖论”是实证理论上一道令人困惑不已的难题。在一篇题为《实证逻辑的研究》的文章里，哲学家亨佩尔（Carl Hempel）提出了他对这一难题的解决方案：看似有悖常理的证实个例，应该被接纳。在本文里，笔者将试图分析悖论的成因，以及判定是否应该接受亨佩尔的解决方案。

问题的本质

·尼科准则（Nicod's Criterion）

先让我们看一看下面的一个假设 H。

H：所有 A 都是 B

显然，这等于说，任何事物只要是 A，它也一定是 B。按照形式逻辑的符号显示，我们可将 H 写成为“(X) [A (X) ∪ B (X)]”，或更简洁地写成“A → B”（读作“A 包含 B”或“若 A 则 B”）。

尼科的证实准则(Nicod's criterion of confirmation)认为，任何对 A 进行的观察，如果得出 B 的结果，这项观察便成为证实假设 H 的一项个例。

以符号来表示，若 a_i 代表对不同的 A 所进行的观察，而我们有如下的观察结果：

$$a_1 \rightarrow B$$

$$a_2 \rightarrow B$$

$$a_3 \rightarrow B$$

……

则上述每一项观察结果，都是证实假设 H 的个例。不用说，证实的个例越多，我们对假设 H 可成立的信心自然也越强。

显而易见，上述这项证实准则，其实只是一般的常识。假如 A 代表乌鸦而 B 代表黑色，则每次找到一只乌鸦且发现它是黑色的时，自然构成了“所有乌鸦都是黑色的”这一假设的证实个例。

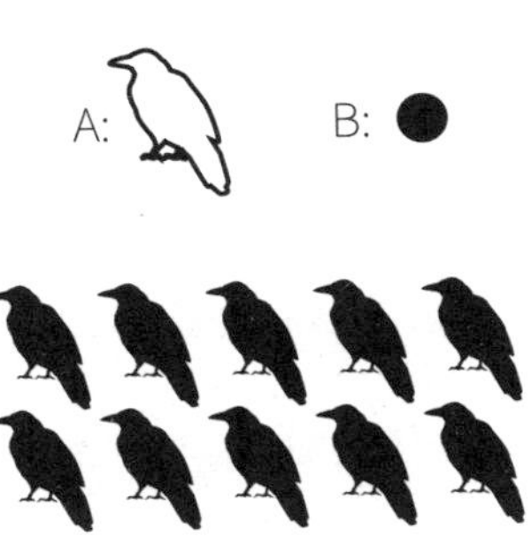

◀每次找到一只乌鸦且发现它是黑色的，因此“所有乌鸦都是黑色的”的假设获得越来越强的实证。

·等效原理

接下来，让我们看看实证理论的另一项原理——等效原理。

按照这一原理，任何证实（或证伪）命题 S 的事物，同样证实（或证伪）与 S 等效的其他命题。

这里所说的等效，即两条命题在逻辑上完全等价，因而拥有同样的具体内容或具有相同的意义。

与尼科准则一样，这个原理似乎也是不辩自明的。因为如果没有了这个原理，某些观察是否证实了某一假设，便要看这一假设在语句上的表述形式而定——虽然这些表述在内容上完全一致。这种情况当然是荒谬的。

现在考察以下两个假设 S1 和 S2。

S1：所有乌鸦都是黑色的

S2：所有不是黑色的事物都不是乌鸦

稍微有逻辑思维的人都会看出，S1 和 S2 实际上是等效的。因为在逻辑上，对任何陈述 p 和 q 来说，如果“～”代表陈述的否定、“⟷”代表等效，那么我们有：

$$\mathbf{p \rightarrow q \longleftrightarrow \sim q \rightarrow \sim p}$$

如果我们以 p 代表乌鸦，以 q 代表黑色，那么上式便成为：

$$\mathbf{S1 \longleftrightarrow S2}$$

至此，我们都只是在列举出一些十分平凡的道理。但很快我们便会看到，只要将以上的论述联系起来，便会得出一个难以解答的悖论。

S1: 所有乌鸦都是黑色的

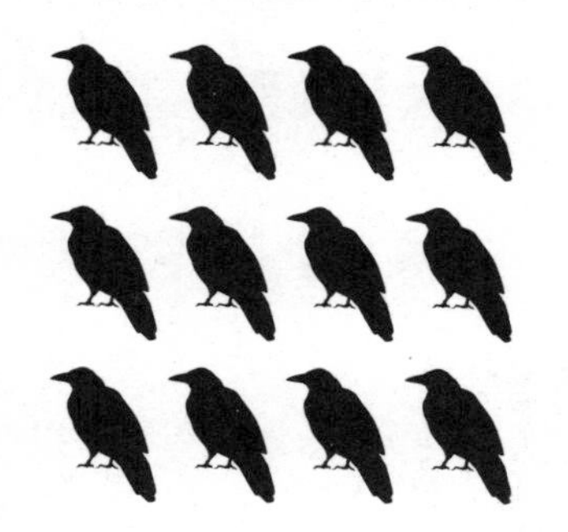

S2：所有不是黑色的事物都不是乌鸦

• 悖论的出现

在笔者身处的房中，有笔者手上握着的一支蓝色的笔，还有书桌上一本棕色的书和一个白色的杯子。显然，我已观测到三件不是黑色也不是乌鸦的事物。按照尼科准则，我这三个观察都是证实 S2 的个例。

但我们已看过，S1 和 S2 实际上是等效的，因此根据等效原理，我们必须承认，刚才那三个观察同时也证实了 S1。

结论是什么呢？任何既非黑色也非乌鸦的事物，都应该被接纳为证实“所有乌鸦都是黑色的”这一命题的个例。但我们一旦承认了这个结论，那么我们便可足不出户，甚至可以在从来没见过一只乌鸦的情况下，就可随便找到成千上万的证据，以证实所有乌鸦都是黑色的！不用说，这是任何人都会觉得荒谬的事。这个有悖常理的推论结果，我们称之为“乌鸦悖论”。

• 亨佩尔的分析

“乌鸦悖论”的形成，其实是由于我们接受了：

- 有关实证概念的尼科准则
- 实证理论中的等效原理
- S1 和 S2 是等效命题

经过了详细的分析，亨佩尔无法在上述三个方面中找出任何漏洞。最后，他唯有宣称：“根本没有什么悖论存在，我们之所以觉得结论有悖常理，纯粹是心理上的错觉。”

亨佩尔的论证主要分为两部分。第一部分指出，像“所有 p 都是 q”这类假设，所涵盖的对象不单是所有 p，还包括 p 以外的一切事物。

至于第二部分，则指出了我们之所以觉得结论有悖常理，只是因为我们一早便知道了所观测的物体不符合命题 S2 的真相。也就是说，我们一早便知道一支笔并非一只乌鸦。

亨佩尔最后的结论是，既非黑色也非乌鸦的事物的存在，的确证实了“所有乌鸦都是黑色的”这个假设。

◀“所有乌鸦都是黑色的”这个假设，所涵盖的对象不单是所有乌鸦，还包括乌鸦以外的一切事物。

· 从数学中的证明到科学中的证实

笔者不打算在此细述亨佩尔的推论过程，只是想指出其方案的一些后果。为此，让我们较为深入地考察证实和证明在科学探求中的地位。

一个常常被人忽略的事实是，在科学探求中，我们永远也不可能获得像数学中的证明。

在几何学中，我们可以证明三角形内角之和等于两个直角。这个证明是被普遍认可的。也就是说，在证明的过程中，无需诉诸某一特定的三角形；而证明的结果，却可适用于任何我们所能想象的三角形。

由于数学中的证明具有这种逻辑上的必然性和普遍性，验证在数学中是没有地位的。一个最基本的数学概念是“即使有一千个例子也不能够建立一条数学原理，但只需一个反例便可将数学原理推翻。”就以上述有关三角形内角的原理为例，我们可以找出(或画出)一千万个三角形，逐一量度它们的内角，并求它们之和。但是，我们怎能保证在量度第一千万零一个三角形时，三个内角之和不会大于或小于两个直角呢?

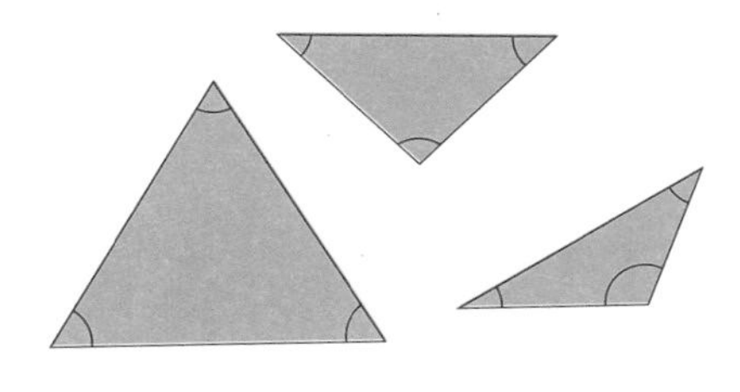

◀ 三角形内角加起来永远是 180 度。

简言之，在数学中，我们追求的是证明而不是证实。

稍微了解科学的人都知道，与数学相反，证明在科学中是不适用的。

在科学理论的推导中，我们也会遇到类似数学中极其严谨的演绎推理。但是，推论的结果最终也得拿到现实世界中印证。因为即使推论过程完全正确，只要大前提出了错，结论便未必会与事实相符。

事实上，科学中最基本的论述，即科学推理中的大前提，更多时候被称为自然规律——本身并无逻辑上的必然性，因此永远只能获得证实而不可能得到证明。

中学生可轻易地证明等比数列的和是 $a(r^n-1)/(r-1)$，或一元二次方程的根是$(-b \pm \sqrt{b^2-4ac})/2a$。但我们能否设计出一套实验，以证明（而不是证实）两个电荷之间的作用力是$k(q_1 q_2/r^2)$，或外力与加速度之间的关系是$F = ma$？

回顾科学的历史，如哥白尼的“日心说”、牛顿的“运动定律”、惠更斯的“光的波动学说”、拉瓦锡的“燃烧理论”、哈维尔的“血液循环论”、达尔文的“进化论”等，有哪一项是我们单凭逻辑即可证明其必然为真，或它们的敌对理论（如“地心说”和“拉马克进化理论”）必然为假的?

事实上，对于任何一项科学理论，无论我们搜集多少证据，进行多少实验，其结果也只能算是证实，而非数学中的证明。

• 亨佩尔方案的后果

从以上的论述，我们可以看出证实在科学中的地位极为重要。一些人甚至会说："脱离了证实，科学便将一无所有。"

的确，当生物学家面对"遗传定律"或"DNA 双螺旋结构理论"时，他要求的是证实；当天文学家面对"宇宙膨胀论"或"黑洞理论"时，他要求的是证实；当地质学家面对"板块构造学说"或冰河世纪的"天文假说"时，他要求的也只能是证实。

有了这个认识，我们才能充分了解，亨佩尔所倡议的解决方案，将带来多么严重的后果。

爱因斯坦的"广义相对论"最初被科学界接受，只是基于三个成功的证实结果。但就我如今所处的书房中，只因我可以找到一百件既非黑色也非乌鸦的物件，我便可以宣称拥有超过一百个实证个例，以证实"所有乌鸦都是黑色"！若我们承认了这种推论的合理性，科学的探求将因此失去意义。

更为严重的是，按照亨佩尔的方案，我们可以用同一组事物证实彼此矛盾的假设。例如同样是一支蓝色的笔，既可用以证实"所有乌鸦都是黑色的"，也大可用以证实"所有乌鸦都是白色的"，甚至"所有乌鸦都是红色的""所有乌鸦都是绿色的"等互不相容的假设。

事实上，我们还可更进一步用同样的例子以证实其他荒谬的命题，如"所有独角兽都是隐形的"或"所有树妖都可以遁地"等。

由此可见，亨佩尔的解决方案是不能被接受的。

· 矛盾和意义

在实证理论中，除了界定证实的含义外，还需界定它的反面——证伪，以及何谓相干与不相干等的含义。

亨佩尔为证伪和不相干给出了这样的定义：

(1)若一项观察报告 a 证实了假设 H 的否定式，那么它便证伪了假设 H。

(2)若一项观察报告 a 既没有证实也没有证伪假设 H，则 a 与 H 为不相干。

鉴于我们之前的分析，笔者认为在这两个定义之外，还需替亨佩尔加上第三个定义，那就是有关“意义”的定义。理由如下：

我们已经看过，一支蓝色的笔(观察报告 a)可以同时证实：

(i) 所有乌鸦都是黑色的。

(ii) 所有乌鸦都是白色的。

但 (ii) 的一项逻辑后果：

(iii) 所有乌鸦都不是黑色的。

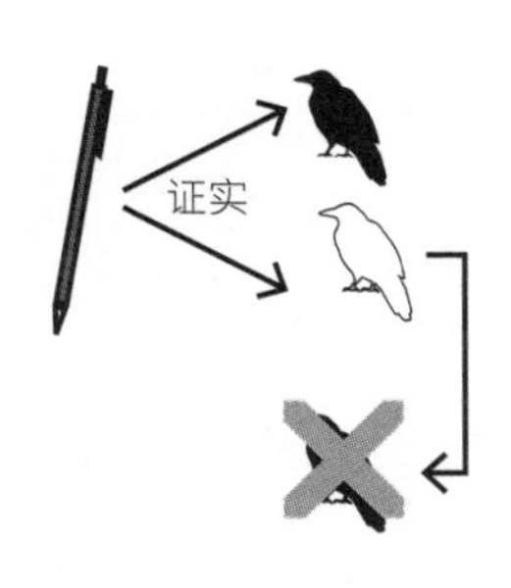

亨佩尔还提出了一个“周延原理”，即任何证实命题 H 的观察报告，也应证实 H 的一切逻辑后果。那么既然 a 可证实命题(ii)，自然也应证实命题(iii)。但命题(iii)是(i)的否定式，而根据上述定义(1)，a 便应该成为证伪 H 的一个例证。

至此我们便遇到一种十分矛盾的情况，同一种例证竟然同时证实又证伪了一个假设。这个严重的矛盾，促使笔者为亨佩尔添加以下的一项定义：

若一项观察报告 a 同时证实且又证伪了一个假设，则 a 对这个假设来说是没有意义的。

当然，上述这项定义之所以有必要，是因为我们接受了亨佩尔的解决方案。在之后的内容里，我们将更为深入地剖析悖论的本质，并提出一种与亨佩尔方案相反的观点。

悖论的消除

·相同和相异的不对称性

亨佩尔的解决方案把悖论看成心理错觉，并肯定了既非黑色的也非乌鸦的事物，应作为“所有乌鸦都是黑色的”的例证。我们已经说过，为什么这一结论不能被接受。然而，对于悖论的存在，我们又能够提供什么合理的解释呢?

依笔者的愚见，问题主要出在推论时所采用的逻辑变换上。也就是说，“$p \rightarrow q \longleftrightarrow \sim q \rightarrow \sim p$”这项逻辑变换带来了误导。

这是一个颇为大胆的见解。因为“若 p 则 q”与“若非 q 则非 p”的等效，是逻辑学上一项最根本的原理。但逻辑上的无懈可击，是否就意味着变换前后的两项命题具有完全相同的指导意义呢?

让我们再仔细考察以下两项命题:

（a）所有 p 都是 q。

（b）所有非 q 都是非 p。

当 p 指的是某一类别的事物而 q 则代表事物的某一属性时，我们将会发现，找到具有“非 q”的属性或属于“非 p”的事物，其概率一般远远大于找到具有 q 这一属性或是属于 p 的事物。

理由很简单，如果规定某一事物是 p，那么这一事物只有一个途径去满足这项规定，那就是作为 p 本身，而不是作为 i、j 或 k。如果规定某一事物拥有 q，那么这一事物也只有一个途径来满足这项规定，那就是拥有 q，而不是拥有 l、m 或 n。

相反，如果规定某一事物为“非 p”，那么这一事物可以有千百种途径来满足这项规定，只要它不是 p 即可。如果规定某一事物拥有“非 q”，这一事物也可以有千百种途径来满足这项规定，只要它不拥有 q

即可。

简单地说，相同的事物只有一种方式相同，相异的事物却可以有无数种方式相异。托尔斯泰在《战争与和平》中说过：“幸福的家庭大多相似，不幸的家庭却往往各不相同。”正道出了这个平凡的道理。

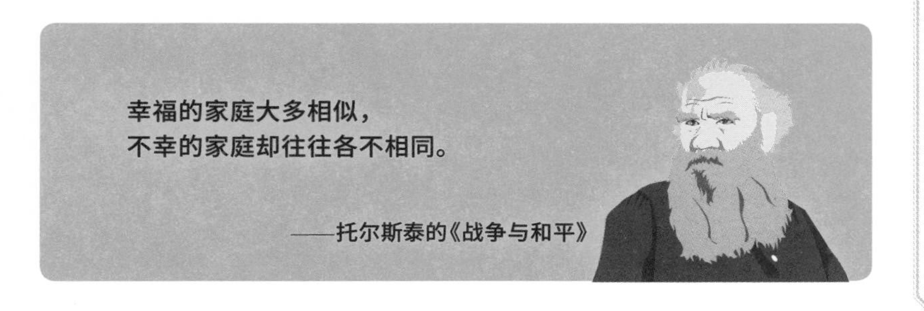

· 从不对称到不等效

就以 p= 乌鸦、q= 黑色为例，要找到一只乌鸦当然比找到一样不是乌鸦的事物困难，而要找到一样黑色的事物自然也比找到一样不是黑色的事物来得不容易。换言之，世间既非黑色的也并非乌鸦的事物，当然远比黑色的乌鸦多。若以枚举的方式来比较：

（A）黑乌鸦，那么它只能是——

1. 一只黑乌鸦

2. 一只黑乌鸦

3. 一只黑乌鸦

4. 一只黑乌鸦

……

（B）不是黑乌鸦，那么它可以是——

1. 一支蓝色的笔

2. 一本红色的书

3. 一柄银色的叉

4. 一只白色的天鹅

……

当然，行列（A）中不断重复的“黑乌鸦”并非表示只有一只乌鸦，因为每一只乌鸦都有所差异。例如第一只乌鸦可以是肥的，第二只可以是瘦的，第三只可以是年老的，第四只可以是年幼的……但是，这些肥、瘦、老、幼等特征都同样可适用于每一只乌鸦身上。

同理，不同的特征也可在(B)列的每一项中出现。例如蓝色的笔可以是长的或是短的，可以是铅笔、圆珠笔或是水笔；红色的书可以是厚的或是薄的，可以是中文书、英文书或是法文书；银色的叉可以是新的或是旧的、贵重的或是廉价的、拥有三个尖刺或四个尖刺的……要注意的是，这些特征大都只适用于某一事物身上，因此是因事而异的。正因如此，可以出现在(B)列各项事物身上的差异的总和，总比出现在一只乌鸦身上的差异多。

以上的分析说明了什么呢？它说明了这样一个事实——以基于差异的概率来看，世间拥有“是乌鸦”和“是黑色的”这两个特性的事物，远较拥有“不是黑色的”和“不是乌鸦”这两个特性的事物少。

如果我们定义“运作一”为检查一件不是黑色的事物是否不是乌鸦(即验证 S2 是否为真)，而定义“运作二”为检查一件是乌鸦的事物是否是黑色的(验证 S1 是否为真)，那么基于上述的或然分析，通过“运作一”而获得肯定答案的概率，自然远远高于通过“运作二”而获得肯定答案的概率。由于验证效果会有这么大的差别，因此从运作上的定义来看，S1 和 S2 并不是真正等效的。

运作一：不是黑色的事物是否不是乌鸦

运作二：检查一件是乌鸦的事物是否是黑色的

▲ 通过“运作一”而获得肯定答案的概率，远高于通过“运作二”而获得肯定答案的概率。由于验证效果的大差别，从运作上的定义来看，S1 和 S2 并不是真正等效的。

·第二定律的启示

形式逻辑认为 S1 和 S2 是完全等效的，但笔者从或然性的角度分析，指出 S1 和 S2 并非完全等效。更确切地说，它们两者在人类认识世界的道路上，具有截然不同的指导意义。

笔者以或然分析挑战逻辑的结论，可说甘冒思辨哲学上的大不韪。但要知道或然性是现实世界中最深刻的一项属性，也是现代科学众多领域中不可或缺的中心概念。量子力学的哥本哈根学派诠释(copenhagen interpretation)正是以这一概念为核心，但就理解目前的问题而言，我们只需考虑统计物理学中的或然概念即可。

这一概念的经典表述是热力学第二定律，即熵增加原理。以提出“两种文化”而著名的英国学者斯诺(C. P. Snow)说过：“一个现代知识分子若不懂得热力学第二定律，就等于从未涉猎莎士比亚的作品般缺乏教养。”

那么什么是熵增加原理呢？熵(entropy)是物理学家定义的一个指标，用以表达某一系统中的混乱程度。熵增加原理就是说，某一封闭系统中的任何自发性变化，都必然朝着使熵增加的方向发展。简单地说，变化的结果将会令整个系统走向混乱。

这个原理与概率有什么关系呢？关系在于，无论是有序还是混乱，都是和或然性密切相关的现象。简而言之，有序就是有所规定，而有所规定便等于降低或然性、随机性的作用。

例如笔者的书桌，无论收拾得如何整齐，不出两天便会恢复原状——凌乱不堪。但我们有没有想过，这类情况之所以普遍存在，主要因为在我们认为属于整齐的状态里，事物的分布必须符合某些严格的规定(例如所有书信都放在同一位置，所有文具则放在另一位置等)，因此在众多可能的状态中，只有极少数可被确认为整齐。

相反，在混乱的状态里，事物的分布无需符合任何规定，因此在众多可能的状态中，绝大部分都可被归类为混乱。

也就是说，事物分布处于混乱状态的概率，远比处于整齐状态的大。可能有人会指出，上述这个例子似乎不太科学。但就本质来说，它和以下这个例子没有分别——在我身处的书房中，无数的空气分子正不停地飞驰和互相碰撞。而所有这些运动，都是完全随机的。也就是说，空气分子的运动没有任何特定的倾向。但就牛顿的运动定律而言，我们无法排除这样的一个可能性，即所有空气分子都碰巧朝着同一方向运动，以致所有空气都堆积到房间中的一边；而处于房间另一边的我，则在真空中窒息而死！

问题当然在碰巧这个要求之上。但是，这个碰巧情况出现的概率，简直微小得可以完全忽略，所以我们大可不必杞人忧天，担心随时会窒息。

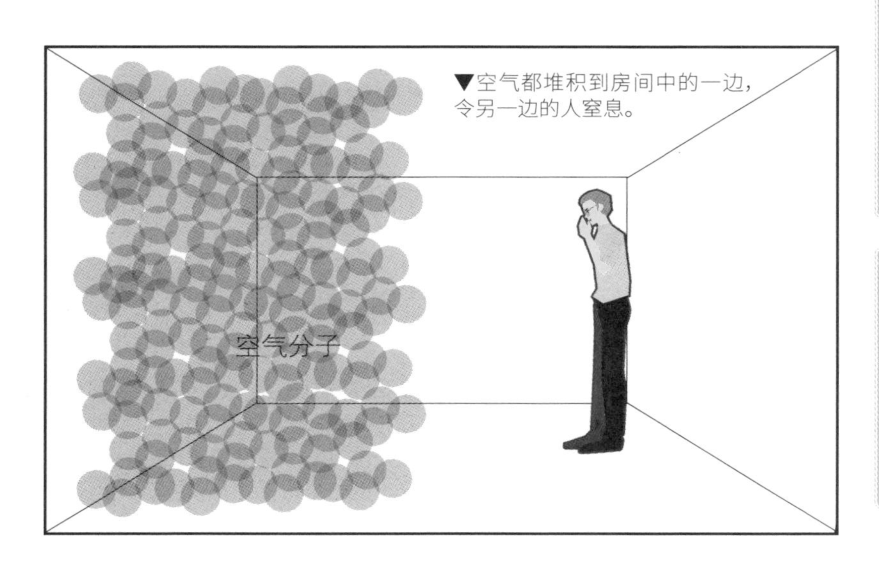

▼空气都堆积到房间中的一边，令另一边的人窒息。

·逻辑、概率与合理性

当然，热力学第二定律在科学中的应用，远比我们刚才列举的例子丰富得多。总的来说，事物状态的或然性是人类理解自然界的关键概念。按照这一概念，秩序源自规定，而规定的限制性越大，事物状态符合这一规定的概率便越低。“是黑色的”这一规定比“不是黑色的”的限制性大，“是乌鸦”这一规定也比“不是乌鸦”的限制性大，因此命题 S1“所有乌鸦都是黑色的”的涵盖性，远比命题 S2“所有不是黑色的事物都不是乌鸦”的涵盖性低。这便是两项命题在本质上的区别。

毋庸讳言，笔者不服膺于逻辑的结论而认为 S1 和 S2 并非等效，可被视作一种“运作主义”或“实用主义”的观点。但归根结底，逻辑只是一套思维的法则，它的任务是帮助我们更好地认识这个世界。它固然有极大的普遍性，却不等于它永远可以正确无误地作为人类一切行为的指导原则。一个明显的例子：“我们不应该完全地相信某一事物。”但问题是，我们是否应该完全地相信这一忠告呢?

相反，我们之所以热衷于进行思辨上的探求，是因为希望它们能在人类认识世界的道路上有所裨益。就这个意义来说，对一个命题判定是真是假之所以重要，主要是因为这一判定在我们的生活和未来的探求行动上具有一定的指导作用。于是，逻辑上完美的结论不一定是最合理的结论。正如哲学家普特南(Hilary Putnam)在《理性、真理与历史》一书中写道：“判定一件事是不是事实的唯一标准，就是看接受它是否合理。”

结论：困惑的解开

根据笔者在“亨佩尔方案的后果”“矛盾和意义”两节的分析，以及前面有关 S1 和 S2 在实际应用上并非等效这个论点，我们得出了如下的结论：

- 亨佩尔的解决方案必须被拒斥，因为它导致矛盾，也会导致科学探求变得毫无意义。
- 悖论的困惑可被消除，因为“所有乌鸦都是黑色的”和“所有不是黑色的事物都不是乌鸦”这两项命题并非完全等效，所以检查一件不是黑色的事物是否不是乌鸦，永远只能为后一命题提供实证个例，而不能证实所有乌鸦都是黑色的。

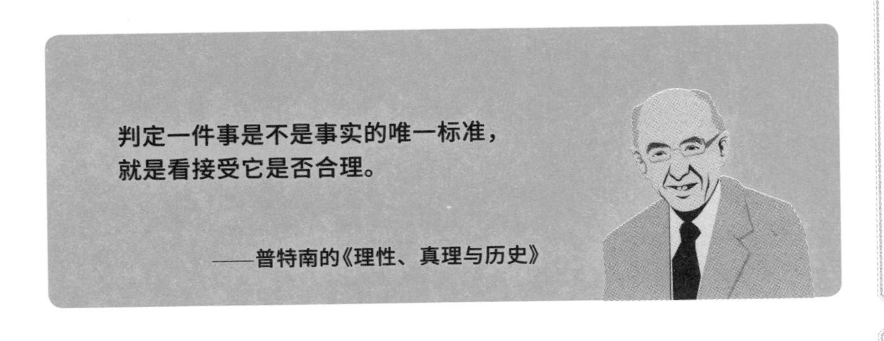

我忆，故我在

哲学家之特质 3

哲学家总在迷思“我为什么是我”？

本文于 1990 年 2 月写于东京。当时笔者正在日本参加一个为期一个月的国际性研讨会。返港后不久，便看到了由施瓦辛格主演的科幻电影《宇宙威龙》（*Total Recall*），片中对记忆移植所引起的现实危机（reality crisis）和自我危机（identity crisis）有非常精彩的描述。片头一瞬即逝的字幕泄漏了天机——原来剧本基于迪克（Philip K. Dick）的一个短篇故事《记忆总动员》（*We Can Remember It for You Wholesale*）。

▲《记忆总动员》（*We Can Remember It for You Wholesale*）
迪克（Philip K. Dick）著

失忆的往事

关于失忆，笔者有一个真实经历可以分享。话说我和太太曾参加一个舞会，抽奖时幸运地获得两张前往泰国普吉岛的来回机票。数月后，我和太太都安排好了假期，于是我前往航空公司确定出发日期和办理领取机票的手续。第一次去当然未能立即取得机票，票务人员说要过两三天才可来取。可是接下来的几天我都很忙，过了一个多星期才抽空前往，而这一趟难忘的经历就这样发生了。

票务人员请我在她的办公室里稍候，她去另一处取票。过了好一会儿她回来了，却说："机票不是早已给你了吗？"我当然说没有。于是她用办公室内的计算机终端查询，不久屏幕上显示出有关这两张机票的信息，上面的确记录着机票已经发出。接着这位票务人员说，她清楚记得我总共来了三次，而第二次来时就已经把机票拿走了！

他们必定摆了乌龙啦！这是我最初的想法。可是这位票务人员越说越确定，而且除了她的计算机记录外，另一本册子上也记载着同样的事情。"你可能一时记不起吧，先生！"她非常肯定地说，"在这之前你确实已把机票拿走了。"

一时间我如堕五里雾中，口中虽然继续力争，但心底却不禁有点动摇了。对一个精明且记忆力好的人来说，拿了还是没拿当然不会有所疑惑。但我恰恰与这种人相距不止千里。这有可能吗？我暗自忖度：我真的已经拿了票，自己却全然记不起来吗？一时间，一件事情的真与假就只能诉诸我的记忆—— 一副不那么好的记忆。

幸好故事还是有个愉快的结局。我跟那位票务人员先是僵持着，于是她又找了另一些同事查询，但仍无法说服我。这时，我和她都有点儿恼火了。"如果还在我这儿的话，"她说，"我必定会把它们放在抽屉里，但我的抽屉里没有什么机票！"接着她顺手拉开了抽屉——瞧！两张机票平整地躺在那里！此时此刻，这位票务人员的尴尬之情可想而知。她再三道歉，解释说她最初以为我过两天便会来取，故一早为我取了票并放在她办公室等我。可是因为我过了近两星期才来，她已把事情忘得一干二净，还以为我早已把机票取走……

记忆对一个人来说是多么重要呀！而对自己的记忆失去信心，又是一件多么可怕的事情！然而，就在这次经历后不久，我又有另一次类似的经历。

大概是十月的一个晚上。由于一连数晚都星光灿烂，我突然心血来潮，想带着我的折射望远镜去郊外观星。可是我没有车子，要是乘坐公共交通工具，带着镜筒、脚架、赤道仪、目镜和其他零件前往郊外，是根本不可能的事。于是我打电话给住得离我们不太远的妹妹和妹夫，问他们有没有兴趣观星，若有则驾车来接我一起去郊外。他们考虑了一会儿，随即答应并约定时间。于是我兴致勃勃地开始收拾东西，准备出发。

这时，怪事发生了。望远镜的数枚目镜和其他零件，我一向都放在一个自己另外购买的箱子中。而箱子则放在书房中的一角，与镜身和座架等靠在一起。可是我在收拾时，箱子却不翼而飞了。是放在其他地方了吗？我和太太，还有和我们同住的小舅子三人展开了地毯式搜索，但是家中每个角落都找遍了，就是没有箱子的半点踪影。太太和小舅子都问："是否借给别人了？"但箱中的零件只能和我的望远镜配对，不可能单独借给别人的呀！

由于箱子体积较大，不可能隐藏在家中某个角落而未被发现。也就是说，在搜了一遍之后，它的离奇失踪是肯定无疑的了。有好一阵子，我心中突然有一种发毛的感觉——我想起了迪克的科幻小说，那些探讨虚幻和真实，以及现实崩溃(the breakdown of reality)的小说。也许我不知怎地进入了另一个现实，而在这个现实里根本不存在什么箱子。

其实在上一次经历中我也隐隐有这种感觉：可能在另一个现实中，另一个李逆熵确实已经拿走了机票，而这两个现实 [在科幻术语中是平行宇宙(parallel universe)] 不知怎地交错起来了!

故事的结局大家可能也猜到了。最终还是记忆的问题! 上次是别人受到记忆的欺骗，而这次则是我自己受到记忆的欺骗。不幸的是，两次受惊的都是我自己!

妹妹的车子就快到了，我对箱子的失踪仍是毫无头绪。小舅子突然问:“你是不是之前把望远镜拿到某处使用，回来时忘了拿箱子?”正是“一言惊醒梦中人”! 我去年确曾把望远镜拿到好友家中，在他家的天台观测了难得一见的火星大冲。我走时把整副镜留下，拜托好友日后驾车把它送回来。可是——我如今记起来了——他的确把望远镜送回，却遗漏了这个装零件的箱子! 这件事已时隔一年多，其间我又刚好没有使用望远镜，因此整件事已被我完全丢在脑后。

记忆的追寻

上述例子都和记忆有关，也加强了我对记忆的重视。这种重视不仅在于日常生活的应用——虽然这无疑十分重要，也在于记忆对意识、自我、真实的重大含义。

我们在市面上不难找到一些谈及记忆的书籍，但这些书籍所谈的，大都是如何增强记忆力和如何提高学习能力等问题。这些都不是我的兴趣所在。

我的兴趣在于，什么是记忆？记忆的生理基础和物质基础是什么？是化学的还是电流的？是分子的还是电子的？与此相关的问题是，对某一事物的记忆是储存在大脑中的某一区域，还是分散于大脑的各处？“回忆”这个过程究竟是怎么回事？为什么可以这么快？“忘记”又是怎么一回事？我们真的会忘记任何事情吗？还是我们只不过“记不起来”罢了？人的记忆是有限还是无限的呢？

自初中开始，图书馆里——不论学校的、公共的——若是有任何谈论上述问题的书籍，我都会借来认真地阅读。我读到有关俄罗斯科学家巴甫洛夫的条件反射实验、鸽子选色板及白老鼠走迷宫的实验，以及令人惊讶的涡虫（flatworm）实验。

在涡虫实验中，科学家发现：如果把受训过的涡虫碾碎，喂给一些未受训的涡虫吃，后者受训时的进度会大大加快！这表示训练产生的记忆，有可能通过物质来传递！科学家还发现：受训过的白老鼠大脑皮质中的RNA（即核糖核酸，ribonucleic acid）会有所增加，表示这种物质不单和遗传有关，可能跟记忆也有密切的关系。

这些问题实在太引人入胜了。譬如说，我们对每晚所做的梦大都只能记得很少的一部分，但这是否表示有关这些梦境的记忆很快便不复存在？抑或它们永远存在于脑中，只是我们无法——可能直到死的那一天——重唤罢了。而在心理学中，我们会遇到一些所谓“记忆压抑”的现象，就是某些人对一些太过可怕的经历（大多是童年时的）失去记忆，日后却在潜意识中受这件事的影响而妨碍精神健康。在催眠术中，我们可刻意地命令某人忘记受催眠时所做的某些事情，直到他听到一句特定的提示句语为止……

当然，还有因脑部受损而导致的部分甚至彻底失忆。这种失忆固然为小说和电影提供了不少戏剧性的题材，也为科学家探讨记忆的本质提供了重要的线索，例如只记得听而不记得怎样读、只记得读而不记得怎样写，或只记得写而不记得怎样讲等各种古怪的情况。

由记忆组合而成的人生

上述都是有关记忆的科学研究，这些研究其实也是科幻小说创作的一个丰富宝藏，不少优秀的科幻作品以此为题材。但从很早开始，我便已从一个科学的角度转向一个较为接近哲学的角度来看待记忆这个问题。我在中学阶段便已得出这样一个结论：“Man is nothing but memories.”今天，我会补充一句：“Reality is nothing but memories.”（这是我一个十分大的毛病，就是习惯了以英文来表达）

让我再把这两个结论重复一次：“人只不过是记忆的组合。”“所谓‘现实’，只不过是记忆的组合。”

当然，这两个结论其实是一致的。因为脱离了人，也就没有什么现实可言。我们之所以关心什么是现实，是因为我们存在。如果宇宙中没有东西懂得问这个问题，现实与虚幻便完全没有区别。

得到这个结论其实是非常容易的一件事。年幼的我在看有关失忆的电影和戏剧时，就常常有这样的疑惑：男主角因意外事故而失忆，事后根本认不得女主角——他的爱人，也记不起他自己是谁。故事中当然是女主角千方百计地恢复他的记忆。结局自然是精诚所至，金石为开，男主角恢复记忆，两人快乐地生活在一起。但问题是，如果男主角最后无法恢复记忆呢？女主角是否始终坚守下去呢？假设男主角除此以外一切恢复正常，而女主角与他重新建立感情，那么她是算专一还是算“移情别恋”呢？假如男主角爱上了另一个女孩，那他又是否算变心了呢？

当没有了记忆，“我”还是我？

儿时的我，关心的当然不是专一还是不专一的问题，而是隐藏在这些问题背后的一个更深刻的疑惑：一个完全失去记忆的我还是那个以前的我吗？

无论我如何思索，我都只能得出一个答案：不是。

在我所认识的事物当中，自我无疑是最神秘、最深奥的。没错，无尽的时间、无尽的空间、奇妙的物质结构和永恒的运动规律……这些都是宇宙中深不可测的问题。但试想想：如果没有了自我的认识和探问，这些问题又怎么会存在呢？

构成自我的究竟是什么东西？这个世界为什么会有我和非我的分别？尤有甚者，一块石头和一个人在我眼中都是“非我”，可是那个人却会告诉我：他的自我才是真正的自我；而我，则只是他眼中的非我而已。那么，自我究竟是唯一的还是众多的呢？

数千年来，无数哲人智者都对“我是谁？”这个问题苦苦思索，并提出了他们的看法。并非哲学家的我，当然无法为这个问题给出一个令人满意的答案。也就是说，我无法给出构成自我的充分条件。但从关于失忆的电影、电视情节中，我似乎找到构成自我的必要条件。

这个必要条件是记忆，更确切地说，就是大脑的记忆。因为即使我们的小脑仍然记得如何呼吸、如何进食和如何走路等功能，大脑的记忆要是完全丧失的话，我将变成一个全新的我，而过去的我将不复存在，跟死了没有区别。

不仅如此，我们还可通过一个思想实验来揭示记忆的重要性。假设一个二十岁的青年在生日那天因车祸失忆。虽然事后他的其他方面完全恢复正常，但我们也总会觉得，他这个新生的自我是一个不完整，甚至是有缺憾的自我。因为他没有童年，也没有任何少年时代的回忆。他是一个从二十岁才开始的自我。

但这不打紧，因为这个自我开始时虽然十分薄弱，但随着时间的流逝，他会逐步拥有他自己的回忆，发展出他自己的性格，成为一个较为充实、较为完整的自我——虽然他的记忆可能永远不能超越“二十岁前”这个界限。

然而，假设这个青年的记忆不单无法超越时间上的某一刻，甚至无法超越某一时间间隔，情况又会怎样呢?

假如他的大脑只能记住一年内所发生的事情，一年以前的事情全不记得。这当然是一种很可悲的存在。一些患上阿尔茨海默症的老年人所遭遇的正是类似的问题。我认为这样的一个自我是一个非常不完整的自我。

但在思想实验中，我们无需把时间间隔限于一年。我们可以设想，如果这个间隔只有一个月、一天，甚至一小时，这个自我将如何一步一步地萎缩。如果我们更为极端，把这间隔缩短为一分钟、一秒钟、十分之一秒，甚至千分之一秒，我相信你也会同意，我们所说的自我将不复存在。

一个不可避免的结论是：没有记忆，就没有所谓的自我。借用笛卡尔“我思故我在”的说法，我们可以说：“我忆，故我在。”

然而，我在中学时代所提出的结论是更为极端的，我在日记上写道：

“人只不过是记忆的组合。”

从逻辑上来说，这表示记忆不仅是人之所以为人的“必要条件”，而且是“充分条件”。

这当然是个极富争论的问题：一个人的个性和他的记忆似乎是两码事，计算机有准确的记忆却没有自我可能是你立即可以想到的反例。但是在个性和自我的本质仍充满争论的今天，我宁愿维持我的“原判”，把这个洞见作为一项雄辩式的命题(rhetorical proposition)留给大家争论。

第二部

从虚无太初到未知将来的千头万绪

三分钟宇宙

哲学家之特质 4

哲学家一直为悖论作无穷思辨！

如果我说，宇宙是在三分钟前才被创造的，你肯定认为我在开玩笑，要不就是神经有问题。但如果我反问：“你如何能证明我是错的？”你会怎样回答呢？也许你会说：“你不会看看你身边的每一件事物吗？它们在三分钟前不就好端端地存在吗？”我会继续追问：“你如何能证明这些事物在三分钟前确实存在呢？”“因为我还记得它们存在嘛！”你可能不耐烦地说……

无懈可击的谬论？

你有没有想过——宇宙如果真的在三分钟前才被创造，那么你的记忆也是在那时一并被创造出来的，无论记忆中包含着什么，也不能证明宇宙在三分钟前真的存在。

“没听过这样无聊的诡辩！”你可能禁不住说。相信，你应该是个冷静和理智的人。要驳斥诡辩，当然要拿出真凭实据。于是，你拿起了身旁的一个杯子说：“看，杯口这个小小的缺口是我去年一不小心撞成的。过去三分钟我碰都没有碰它，这就证明宇宙存在了不止三分钟！”

但你有没有想过，这个缺口也是和你的杯子一样，是在三分钟前一同被创造的?

你拿下书架上的一册《唐诗》，说：“这些诗句流传了已超过一千年！”然后你又拿下一本《论语》，说：“孔子这些名言距今已超过两千年！难道它们都如你所说，只是三分钟前才被创造出来的吗？”

“没错！”这正是我的回答。

除非你已被气得昏了头脑，否则到此你应该明白，无论你再举出十种、百种，甚至千种证据，也不能动摇我的理论。没错，根据我的“三分钟宇宙论”，无论是地层里的恐龙化石还是太空中的日月星辰，无论是万里长城还是秦始皇兵马俑，无论埃及金字塔还是雅典神殿，无论《史记》还是《莎士比亚全集》，以至你的日记中所记载的一切一切……统统都是在三分钟前被创造的。

荒谬吗？我第一个同意这是一个荒谬绝伦的理论。但问题不在于我们“感觉”它是荒谬的还是合理的，而在于以下这个简单的事实——无论从逻辑上或经验上，我们都没法推翻这样的一个理论。

也就是说，这个理论似乎是完美无瑕、无懈可击的！

但这个理论代表真理吗？我相信没有人会同意。这个不同意不单是感性上或常识上的不同意，因为我们可以证明，接受这种理论会导致严重的矛盾。

从完美到矛盾

我说宇宙在三分钟前才被创造看似无懈可击，但若另一个人提出："错了，宇宙是五分钟前才被创造的。"我又能够怎么反驳呢？很明显，他的五分钟宇宙论跟我的三分钟宇宙论同样是"无懈可击"的。他对我便错，我对他便错，两者不能同时成立。

事实上，我们不单有两个甚至有无数个不相容的"完美"理论。每个人都可以跑出来自创他的一分钟宇宙论、两分钟宇宙论、三秒钟宇宙论、一秒钟宇宙论、三星期宇宙论、九天半宇宙论……而每一个这样的理论，似乎都可以自圆其说、无懈可击，因此也是无法被推翻的。

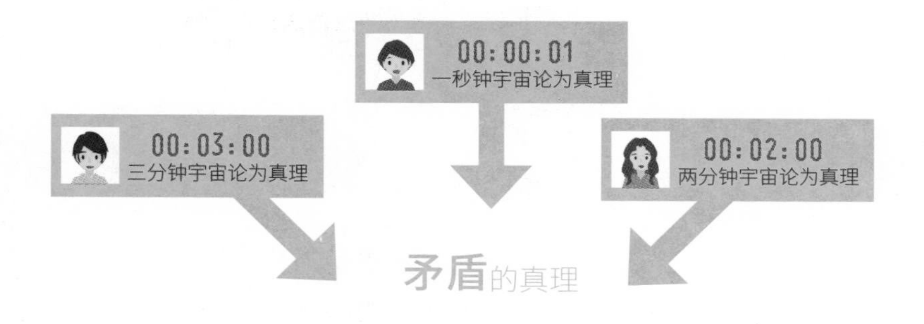

如果这些理论都宣称自己为真理，我们便有无数个互相矛盾的真理。

这些分析究竟揭示了什么？它们揭示了，我们一贯以为一个理论越是完美无瑕、无懈可击便越接近真理，却没有想到，真正的无懈可击，非但不是优点，而是一个理论的致命伤！

当一个理论可以涵盖一切、解释一切，可以自圆其说、无懈可击之时，它似乎已立于不败之地。因为即使从原则上出发，也无法找到逻辑或实践上的证据，把这个理论推翻。但与此同时，这个理论并非自动地成为绝对真理，而是成为一些无聊的思辨游戏。“三分钟宇宙论”正是这些游戏中的一种。

不要以为无聊的游戏是笔者杜撰的，就是在严肃的哲学讨论中，也有一派名叫“唯我论”（solipsism）的学说。按照这一学说，除了“我”是真实存在的之外，外在世界根本不存在。一切“我”所见所感的事物，都只是“我”意识中的产物。

很显然，这样的一套唯我主义似乎也无法被推翻，因为无论其他人给出任何证明，以显示客观的世界确实存在，以及他们也是有思想、有感情的自我主体，唯我主义者也可以把这些证明统统看成是他的意识产物的一部分！是不是很荒唐？

正因如此，唯我论在哲学中是一条死胡同，从来也没有引起哲学家的兴趣。从一开始便看似不可能被推翻的理论，我们还研究来做什么？这不是真理，而是诡辩。

什么是科学?

有了这个基本的认识，我们便可较为深入地了解近代哲学家波普尔(Karl Popper)有关科学界定(demarcation of science)的观点。

波普尔提出的问题：在思辨和讨论中，不少人为了使论点更权威和更具说服力，往往都把论点冠以科学这个头衔。例如在今天的商业社会中，我们可到处碰到如科学减肥法、科学健身法，甚至科学算命等。但究竟怎样才算科学呢？如何去判别某一事物是科学的还是伪科学的呢？

简单地说，科学的界定是什么？

一直以来，人们在界定什么是科学、什么是伪科学时，大都把注意力集中在可被证实这个特性之上。按照这种观点，配得上科学的命题就是一些有可能被证实的命题。

例如科学的命题：“甲事件的发生会导致乙事件的发生。”那么我们所要做的，就是去观察(或制造)一些甲事件发生的情况，看看在其他条件保持不变的情形下，乙事件是否真的随着发生。若乙事件真的出现的话，命题便得到了证实。而证实的次数越多，命题的可信度也越高。

譬如说：“站得高些可以看得远些”“物体受热会膨胀”“食盐可以令水的冰点降低”……都是可以通过实践来进行证实的命题。我们可以跑到高山上看看是否真的可以看得远些；把物体加热看看它是否真的会膨胀；或是把食盐加进水中，看看水的结冰点是否真的降低了。证实成功的次数越多，我们对这些命题准确性的信心自然越大。

但要注意的是，由于受到某一时期的技术水平所限，一些命题被提出后，未必能够立即被证实或推翻。例如刚被提出时的相对论和现代粒子物理学中一些涉及极高能量的假设，都无法立即被证实或推翻。但关键在于，从原则上出发，命题的可证实性必须存在，否则命

科学的命题是：“甲事件的发生会导致乙事件的发生。”

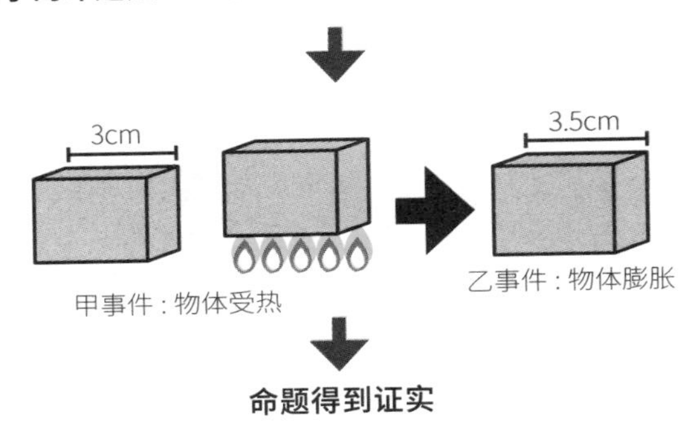

题便永远只能是一句空话，真伪无从确立。

可是，波普尔对这个传统的定义却不甚满意。依他所见，验证——即通过实践将命题与现实世界互相印证——无疑是科学探求的最基本精神。但人们却过分重视验证的正面——证实，甚至以可证实性来界定科学。他认为，这种做法缺乏逻辑上的严谨性，因此是大有问题的。

天狗食日还是天猫食日？

以下的例子可以较为清楚地说明问题所在。

日食是古人极畏惧的天文现象之一。为了解释太阳为何会突然黯然无光，各民族都编造了不同的神话。例如中国古代就有所谓“天狗食日”之说。按照这个说法，太阳消失是因为天狗把它吞噬了。要大地重光，就必须敲锣打鼓，令天狗受惊从而把太阳吐出来。

这是一个科学的理论吗？让我们以可证实性来试验一下。一次日食发生了，众人拼命地敲锣打鼓，大地终于重现光明；又一次日食发生，众人再次敲锣打鼓，太阳又一次地重现，如是者屡试不爽，理论每一次都得到证实，这不是科学是什么？

当然，若另一理论假设日食乃“天猫食日”，而跪地向天猫膜拜才可免于灾难，自然也会得出同样的结果。

聪明的人会看出，判辨命题真伪的做法，不是每次都敲锣打鼓（或跪地膜拜），而是尝试一次不敲锣打鼓，看看会发生什么事情？也就是说，不是单单去证实一个假设，而是企图去证伪一个假设——如果不敲锣打鼓太阳也会重现，原先的假设便被推翻了。

波普尔的突破性贡献，正在于指出了“可证伪性”——而非“可证实性”——才是真科学的试金石。

乍看起来，证实和证伪似乎只是一个铜板的两面，在本质上没有什么区别。因为任何验证都必然包含着这两种意义：验证的结果可能为真（证实），也可能为假（证伪）。但如果我们看深一层，便会发觉证实和证伪在逻辑上其实存在着一种根本的不对称性。因为无论多少次成功的证实，也不能绝对地确立一个理论（如所有天鹅都是白色）为真。但只需要一个反例（即证伪，例如找到了一只黑色的天鹅），便足以证明这个理论为假。

试想想：如果一个理论从原则上也是无从证伪的，即我们无论进行多少实验，搜集多少证据，也永远不可能证明它是假的，那么我们还需要进行什么科学探求呢？正如没有科学家会研究“三分钟宇宙论”，这样的一个理论是不会成为科学研究对象的。

至此，我们可以回答“科学的界定是什么？”这个问题。称得上科学的命题，都是一些从原则上有可能被伪证的问题。

爱因斯坦的“相对论”是最完美的科学理论之一。但科学家之所以接受相对论，并非因为它在数学和观念上的完美，而在于它一次又一次成功地经历了多项证伪性的实验，即一些结果有可能跟“相对论”的预测不相同的实验。

▼ 如科学的命题：天鹅都是白色。
证实：找到无数白天鹅。
伪证：找到一只黑天鹅。

伪证和实证有根本上的不对称性。
只需要一个反例（找到一只黑天鹅），便足以证实这个理论为假。

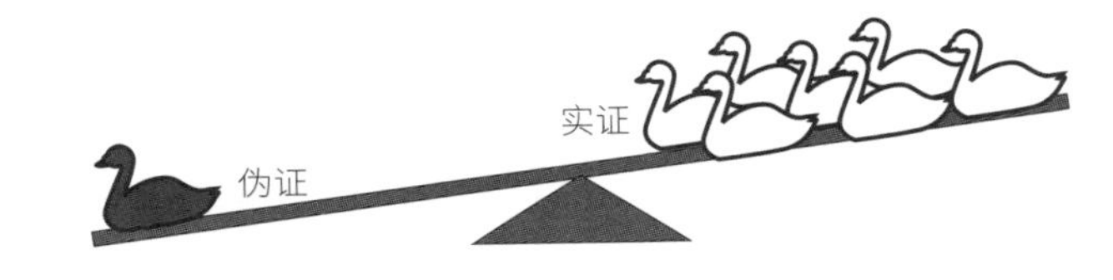

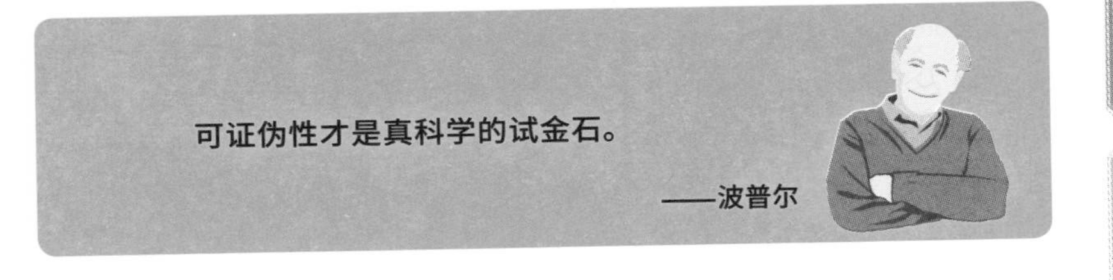

要澄清的一点是，一个理论不可证伪并不表示它就不可以是真理！但是，我要指出的是，这一类理论并非科学研究的范畴，因此不应冠以“科学”的名号。

有关这类理论，波普尔举了两个著名的例子，分别是：星相学和心理分析。

星相学是科学吗？

星相学(又称“占星术”)把人世间发生的事情，都归咎为天上各种星象组合的结果。如是者，一个人的性格、禀赋、命运，甚至寿命，都取决于他出生时所属的星座，以及往后各种有关的天象变化。个人如此，就连国家兴亡、世局安危，也会随着星辰的运行而冥冥中受到主宰。

姑且不说相隔千百光年在视觉上偶然组合的星辰，如何能决定一个人的性格运程。我们感兴趣的是，从原则上说，星相学有可能被证明是错的吗?

若占星术说我这个星期会赢大奖，恰巧我真的赢了大奖，信奉星相学的人自然会跑出来大肆鼓吹占星术是如何的灵验。如果我没赢大奖，这些人是否会承认星相学不可靠，是虚假和错误的呢?

当然不会！相反，他们会找出种种稀奇古怪的理由，去解释预言为何失准。总之，无论是这错那错、你错我错，也绝不会是星相学本身的错。你说可不可笑?

每年的年终，各国知名的星相学家都会发表他们的“伟论”，预测明年将会发生什么大事。但你可曾听过有星相学家因预言失准而承认星相学有问题？当然没有，所谓“天意难测”，再多失败的预言，也不会动摇星相学分毫。简而言之，星相学似乎是永远无法被证伪的。

◀正因缺乏可证伪性，星相学只能永远是迷信，而不能成为一门科学。

心理分析是科学吗？

作为无法证伪的理论，波普尔所举的第二个例子是心理分析。

心理分析的始创人是弗洛伊德(Sigmund Freud)。他最大的贡献在于，指出了潜意识在人类精神活动中的关键作用。按照他的理论，我们日常的思想与行为，不少是由一些我们毫无知觉的潜在意识所决定。这些意识可能是某种欲求、厌恶、恐惧、愤怒和仇恨。它们的成因大多和我们童年经历有关。但最重要的一点是，它们往往隐藏在潜意识的世界，以致无法被我们所识别，因此也不受我们的理性所控制。

潜意识理论对心理学和精神疾病治疗方面有很大的贡献，但正如把任何真理推到极致都会变成谬论。将潜意识的作用过分地夸大甚至绝对化，只会带来荒谬的结果。这种情况在心理分析学派创立初期确实出现过，而波普尔所针对的正是这种"走火入魔"的心理分析理论。

假如我说："你有很严重的精神分裂倾向。"你肯定会骂我在胡说八道。但我若反问："你怎么知道你没有呢？"你可能会说："我自己有什么倾向，难道我不知道！"但问题正出在这儿。有句话说得好："看见别人眼中的微尘，却看不见自己眼中的大树。"我们对别人的了解，往往多于对自己的了解。而心理分析学说则更进一步指出，我们因受潜意识的影响，从原则上也不可能真正了解自己的动机和取向。尤有甚者，这些潜在的倾向往往会转化或"升华"为一些表面上看起来毫不相干的思想与行为。只有受过专业训练的心理分析专家，才能从这些表面的行为之中，揭示背后隐藏的欲望和困扰。

于是，你自己认为你没有精神分裂倾向是无关紧要的。只要我认为你的精神分裂倾向是一种潜意识，那么你不知道是完全合理的、应该的。若你要我拿出证据，我可以随便说出你的一言一行，然后几经转折，把它们解释成为你的精神分裂倾向的外在表现。你不同意我的解释也无济于事，因为按照同样的原则，解释中涉及的因果关系，也是超乎你的意识范围的。

事实上，我不但可以论证你有精神分裂倾向，我还可以证明你有严重的自卑感、极度的自恋等倾向。任你举出多少相反的证据，最终也可被我解说(当然你会说是曲解)为支持我的论点的证据。例如你指出你一向最喜欢表现自己，何来严重的自卑感？我可以指出这正是你的潜意识企图掩饰自卑感的一种装腔作势的做法。是不是很荒谬？

当然，我是故意夸大心理分析中的荒谬成分。但事实上，在弗洛伊德的“泛性论”甚至“唯性史观”的影响下，不少心理分析专家曾将人类的一切行为甚至全部历史，都解释为性欲的冲动、压抑和升华的表现，其道理如出一辙。

正因这类推论看似无法被推翻，按照波普尔的定义，心理分析不能算是科学。

有没有足以解释一切的理论?

回到科学界定这个题目。我们既然提出了可证伪性作为科学界定的准则，那么是否表示，科学界中永远不会出现一些无法证伪的理论呢？未必，因为"无法证伪"可以是原则上的，也可以是技术上的。原则上无法证伪的理论应该不属于科学的范畴，但技术上一时无法证伪的理论，我们不可把它摈诸门外。科学家的做法是把它记录在案，容后处理。

在研究物质根本结构的最尖端领域中，便出现过上述的情况。20世纪 80 年代中期，一些物理学家提出了一套被认为足以统一自然界各种基本力的理论——超弦理论(Superstring Theory)。这套理论曾经受到了高度的重视。不少人认为，我们终于找到了一套足以解释一切的理论(Theory of Everything，简称 TOE)。

但是，超弦理论所涉及的空间尺度，比我们今天所认识的基本粒子还要小无数倍。而要探测这种超微尺度所需的能量，比今天最大的粒子加速器所能提供的还要大 17 个数量级(即 1 之后 17 个零)。这个惊人数字，在可望的未来也远远超乎人类所能达到的范围。也就是说，我们无法对这个理论进行任何验证。

结果怎样呢？结果是科学家对这个理论的热情渐渐冷却下来。他们并没有否定这套理论在科学中的"合法地位"，只是认为理论既然无法在现阶段得到证实还是证伪，唯有"记录在案，以观后效"。

至于这套理论的支持者，则正在努力寻找可以间接地验证这一理论的种种途径。而这些途径，归根究底必然是一些有关可观测现象的预测。这些预测一旦提出了，观测的结果便有可能与预测中的有所不同。简而言之，要使这套理论重新受到重视和有所发展，必须先建立起这套理论的可证伪性。

“进化论”也无法验证？

同样涉及可证伪性的困惑，却为大众所熟悉和深感兴趣的一个理论，是达尔文为了阐释生物进化而提出的“自然选择”理论。

自然选择的中心思想是“物竞天择，适者生存”。但不少人很早便已指出，究竟何谓“适者”，实在难以下一个定义。对环境的适应其实是十分复杂的一个现象。怎样去判别某一生物个体比其他生物个体更为适应环境，是一件极其困难的事情。最确凿无疑的一个判别方法，似乎只有从生物个体的生存机会来界定：生存机会大的自然适应能力强，而生存机会小的则适应能力弱。

但问题是，我们用生存机会的大小来定义何谓适者，立即会导致一种十分尴尬的情况。因为自然选择理论所要解答的问题，是在“物竞”和“天择”的情况下，谁才会生存呢？答案是，只有最能适应环境的适者才能生存。

如果这样，我们便陷入了一种循环论证(circular argument)的境地：只有生存的才是适者，只有适者才可生存！这似乎只是逻辑上的同义反复，而不是什么科学理论。

事实上，波普尔曾经在他的一本著作中提过：“达尔文主义”(即自然选择理论)并不是一个可以验证的科学理论。由于当时波普尔在学术界的崇高地位，他的这句话在科学界引起了颇大的反响。要知道达尔文的自然选择理论在生物学中具有极其重要的地位。这个理论不但解释了大量的生物现象，而且在各门研究中也起着指导性的作用。它是不是一个无法验证，即缺乏可证伪性的理论，是科学界以及大众所关注的问题。

▶只有生存的才是适者，只有适者才可生存！这似乎只是逻辑上的同义反复(tautology)，而不是什么科学理论。

特别要强调的是，以上的困惑并非针对生物进化这一事实，而只是针对用以解释进化机制的一个理论。一些人以为机制理论受到了质疑，便迫不及待地宣称进化论已被证明是站不住脚的！其实真正被证明的，只是他们的无知罢了。

“自然选择”的科学剖析

“自然选择”这个机制理论，真的已被证明是站不住脚的吗？当然不是，问题出在我们把理论的内容做了过分简化的考虑。自然选择的内容其实是，生物个体与个体之间必然有所差异，这就是所谓“遗传变异”。变异可以是微小和累积性的，也可以是巨大和突发性的。前者来自有性生殖中的基因重组，后者来自基因本身的偶发性突变。

由于生物具有强大的繁殖能力，而自然界的资源则总是有限的，资源的供不应求自然会导致激烈的竞争。在这种竞争底下，某些遗传变异可能会令有关的生物个体稍微优胜于其他生物个体，使得拥有这种变异的生物个体的生存机会略为增大。

这正是刚才令我们感到困惑的问题。我们问：“谁的生存机会增大？”答案是：“较优胜的个体。”但怎样才算“较优胜”呢？当然是以生存的机会来衡量。这不是一种循环论证吗？

但在细察之下，这种循环论证其实只是一个文字上的问题。问题源自我们日常生活的习惯语法。我们惯于说优胜劣汰，隐含有“优则胜、劣则汰”的因果关系。但同样也有人喜欢“以成败论英雄”，即认为“胜者谓之优、败者谓之劣”，所谓“优劣”应以“胜败”来定义。这原本是一个久已存在的语意学问题。但不幸的是，自然选择理论一旦用上了类似的字眼，便被牵涉这个争论之中，使人混淆不清。

事实上，我们完全可以不用“优胜”或“劣汰”等主观性的字眼，仍然能够把自然选择理论的中心思想表达清楚。例如我们可以把“适者生存”这项为人诟病的推论改写为“某些遗传变异可能会令拥有这些变异的生物个体的生存机会略为增大"，所得出的意义便更为准确。而且我们立即可以看出，句中的情况总是会出现的，其间并不涉及什么循环论证或逻辑悖论。

弄清这一点之后，让我们再看看所谓自然选择实际上是怎样运作的。

假设某一生物个体拥有的遗传变异，可令它的生存机会变大。那么这一生物个体将这些变异传给后代的机会，自然也会相应地增大。同样的道理，这些后代将这种变异遗传给它们后代的机会也会增大。如此类推，这种变异便会在种群中传播开来。相反，一些变异会令生物个体的生存机会变小，这种生物孕育出的后代数量也会减少，久而久之，这种变异就必然会被淘汰。而生物的进化，就是这些变异在亿万年的长时间下被淘汰和累积而成的结果。

遗传变异与后代数量互为促进，最后导致拥有不同变异的后代数量出现越来越大的差别。正是这种差别，形成了今天多姿多彩的生物世界。

明白了理论的真正含义，我们回过头问："这个理论是否具有不可证伪性呢？"当然不是。从这个理论出发，我们可以预测出不少有关生物种群变化的方向，而这些预测都是可以通过观测或实验来证实（或推翻）的。从这个角度看，自然选择理论完全是一个科学的理论。而波普尔有关这个理论的断语，可以算是一时的失言。

当然，说自然选择理论是一个科学的理论，并不等于说它就是一个正确的理论。这个理论的正确与否，必须由具体的验证结果来判定。为了解释进化的机制，之前我们有拉马克的"获得性遗传学说"，而今天则有木村资生的"中性突变论"。前者已被证明与事实不符，而后者则被认为是对自然选择理论的重大修正。总之，科学是不断前进的。之所以会前进，正是因为科学理论具有可证伪的性质。

最后要指出的是，这里所介绍的“证伪性原则”，只是波普尔整套“证伪理论”中最基本和最简单的部分。波普尔的理论，涉及科学探求上的认识论和方法论等问题，内容可谓博大精深，而证伪原则的建立，其实源自波普尔对归纳法的否定，以及他所倡议的“试错法”(method of trial and error)的科学发展观。

科学发展理论是一门非常引人入胜和趣味盎然的学问。多年前，笔者曾在大学举办过一个跨学院的研讨会，题目正是《科学的演进：渐进式、革命式，还是毫无法式？》。由于篇幅关系，这里不做详细介绍。你若有兴趣，可以找一些介绍“科学哲学”(philosophy of science)的书籍来看。

◀木村资生 (1924.11.13—1994.11.13)，日本生物学家，他因提出了分子水平的中性演化理论和对理论群体遗传学的完善而闻名于科学界，其著作《分子演化的中性理论》(*The Neutral Theory of Molecular Evolution*) 被认为是达尔文的《物种起源》之后最重要的理论著作之一。

科学与伪科学

“三分钟宇宙”这个题目，最初看起来像是个戏言。而仔细分析下来，却又像一个严肃的学术题目。其实，它两者都不是。

这个题目的真正意义在于，它提供了一把可以砍掉各种谬误和伪装，而直透事物本质的利刃。这把利刃，使我们对周边的事物和言论能做出正确的判断。当然，这把利刃只是一个起点。要获取坚实可靠的知识，还需我们做出踏实苦干的具体研究。

在这个真理和谬误混杂的年代，怎样辨别是非，比任何一个时期都来得重要。谎话说上一百遍并不能使它成为真理。即使由最先进的计算机计算出来的结果，也不一定表示它绝对正确。可悲的是，对不少人来说，上述正是他们判定某一言论是否为真理的标准。

事实上，在这个号称“科学时代”的 21 世纪，却仍有不少受过高等教育的知识分子，对科学——包括科学知识和科学精神——严重地缺乏了解，以致各种形形色色的伪科学大行其道。

笔者和一位朋友在谈及科学的价值和意义时，他曾带着点挑衅的语气问道：“依你看，科学家是不是具有开放心态的一群人？”其实他背后的含义，是在怀疑科学家是一帮保守，甚至封闭的学者，是一股“反动”而不是“进步”的势力。

为什么他会有这种观感呢？原来他愚昧地认为科学界不肯承认命理、风水、信仰治疗和特异功能等事物，就表示科学家不够开放，而只满足于躲在他们自己所建的象牙塔之中。

这其实是一种很奇怪的情况。科学探求所标榜的正是独立自由的思考，因此特别强调开敞的心智和批判的头脑，以挑战一切封闭的教条和权威。有趣的是，正是这种怀疑批判的头脑，却给科学家招来了“封闭”的指摘。

可是，科学就是要我们有批判性，而各式各样的伪科学，却要我们放弃这种批判性。

对于鼓吹伪科学的人，科学家若是将严格的验证程序用在一般的自然现象之上，他们不会吭一声。但要是把同样的程序用在他们的身上时，他们便会大喊科学家如何的顽固、保守、封闭、缺乏诚意，甚至诉说自己受到迫害！被他们所煽动的大众并不明白，即使对一项最普通的物理或化学假设，科学家也会应用同样严格的验证手段。而且验证设计的中心意念，正是千方百计地去证伪这项假设。

批评科学家封闭的人可能没有想过，他们认为科学家不能接受异乎寻常的事物，是大错特错的。现代科学所揭示的自然奥秘，比任何人所能想象的都更为神奇、更为不可思议。其中例如脑电波、生物时钟、蜜蜂的舞蹈、蝙蝠的超声波、候鸟的导航、人脑的左右分工等。此外，还有大陆的漂移、地球磁场的逆转、真空的扰动、宇宙的膨胀、波粒二象性、反物质、恒星爆炸、中子星、黑洞、虫洞……

其实，我们无需诉诸亿万光年以外。就以我们最熟悉，也最为平凡的无线电波来看。想象一下，无线电波充斥在我们周围的空间，既看不见也摸不着，却能传递声音和画面！那不是匪夷所思的“魔术”又是什么?

至此我们应该明白，科学和伪科学的区别，完全不在于结果，而在于建立这一结果的过程。而波普尔所树立的，正是这一过程中一项判决性的准则。所谓“真金不怕红炉火”，只要是真理，便不用怕“炉火的铸烧”。相反，它只会越经考验而越显现出它的光辉。

人工智能大辩论

哲学家之特质6

哲学家对未来世界的发想从不被过去窒碍！

早在三十多年前，我在一本名为《超人的孤寂》的科幻专论之中，谈到人工智能（artificial intelligence，简称AI）的研究如何从被嘲笑转为被重视。我当时是这样写的："科幻小说中的智能计算机和机器人被计算机界嘲笑了数十年，今天终于得以扬眉吐气，好叫世人知道谁是谁非。"然而，我接着写道："有关这方面的争论在很长的一段时间里仍不会停息……"

中文房间

我当时不知道，就在我撰写上述文字的时候(1986年)，一场新的有关人工智能的激烈争论，已经在西方学术界展开了。事实上，无论是自有科幻小说以来，还是自有计算机以来，有关机器思维的争论——也就是是"拥 AI"和"反 AI"的争论——便没有停息过。例如在20世纪六七十年代，便有英国哲学家卢卡斯(J. R. Lucas)基于数理逻辑[特别是哥得尔(Kurt Gödel)的"不完备性定理"]以及美国哲学家德雷福斯(Hubert Dreyfus)基于现象学的观点对人工智能做出的种种指责。

令这一争论在20世纪八九十年代重新热烈起来的，是一篇发表于1980年的文章《心、脑与程序》(*Minds, Brains, and Programs*)。在这篇文章里，美国加州柏克莱大学的哲学家希尔勒(John R. Searle)首次提出了他那著名的中文房间(Chinese room)实验。有趣的一点是，这个实验虽然从来没有付诸实践，但它所引起的争论，却比不少真正进行过的实验还要多。

究竟什么是中文房间呢？原来这是一个无需付诸实践，只需在理念上进行的实验，就像爱因斯坦在创立相对论时所提出的种种"拟想实验"一样。

在这个实验中，希尔勒构想出一间装满了中文字卡的房间，房内还有一本用英文写成的手册和一个只懂英文而完全不懂中文的人。现在假设房外有人不断以字卡的形式把一些中文写成的问题通过一道窄缝送入房间里。房内的人则按照字卡和手册指示，把一些对应的字卡顺序从窄缝传到房外。重要的是，手册中的指示从来没有解释任何一个中文字的意思，指示的形式永远只是"若收到某某编号的字卡，则交回某某编号的字卡"或是"若收到某一组字卡，则交回另一组字卡"等。

中文字房实验

假设房外输入的问题是一些有关唐诗的赏析或儒家哲学的讨论，而房内输出的则是相应这些问题的精辟答案，那么房外的人必会认为房内的人不单通晓中文，而且对中国文化有深厚认识。可是房内的人不要说中国文化，就是连一个中文字也不认识！

希尔勒指出：中文房间就如计算机，房中的手册则是计算机程序。我们今天自然无法想象可以写出一套这样复杂的程序，正如我们无法想象可以有一本这么神奇的手册以致令房内的人不会露出马脚。但希尔勒的论点是，即使我们有一天能够写出这样一套计算机程序，那是否表示计算机已经真正拥有思维了呢？当然不是！正如中文房间里的人始终不懂中文，计算机也只是按照程序工作。也就是说，计算机永远只会有语法（syntax）而没有语义（semantics）。希尔勒更进一步强调，就是更精细的语法，也无法产生半丁点儿语义，这正是机器和人类的区别所在。

1980年的这篇论文，最先发表在专业学术期刊上，因此没有引起广泛注意。不久，希尔勒应剑桥大学邀请主讲著名的雷夫讲座（Reith Lectures），其中一讲正以中文房间为题。之后其演讲被结集成书，书名为《心灵、大脑与科学》（*Minds, Brains, and Science*）。通过这本小书，他的论点才开始引起学术界的注意。

20世纪80年代后期，希尔勒的指责成为了AI争论的焦点，这与计算机发展的历史也许不无关系。日本于1982年进行第五代计算机计划。对当时而言，真正智能型计算机的来临似乎仍未有期，而机器人仍只是工厂中高度工业化的机器，所谓机器佣人或机器保姆只存在于科幻电影之中。似乎我们最初对AI发展的期望太乐观了。在这样一种环境下，“反AI”的论调重新抬头，有关的争论也再次激烈起来。

AI拥护者站起来

早在1981年，“中文房间”的反驳者已经出现。“拥AI”的主将霍夫斯塔特（Douglas R. Hofstadter）继震撼学术界的奇书《哥德尔、埃舍尔、巴赫：一条永恒的金带》（*Gödel,Escher,Bach : An Eternal Golden Braid*）之后，与哲学家丹尼特（Daniel C. Dennett）合作，出版了可作为前书续篇的选集《心灵的我》（*The Mind's I*），集中收录了希尔勒首篇关于“中文房间”的文章，也刊登了霍夫斯塔特的反驳文章。

霍夫斯塔特和其他“拥 AI”学者对希尔勒的反驳，大致可称为“系统观”或“层次观”的理论。他们主要的论点是：“所谓‘语法’和‘语义’的划分，只是一个层次的问题。在一个较低的操作层次来看，我们的确可能只看到语法。但从包括整个字房系统的高层次来看，我们必然无可避免地要涉及语义。”

◀《哥德尔、埃舍尔、巴赫：一条永恒的金带》（*Gödel,Escher,Bach : An Eternal Golden Braid*）霍夫斯塔特（Douglas R. Hofstadter）著

◀《心灵的我》（*The Mind's I*）霍夫斯塔特、丹尼特（Douglas R. Hofstadter、Daniel C. Dennett）著

到了20世纪90年代，著名的通俗科学杂志《科

学美国人》在卷首同时刊登了两篇针锋相对的文章，即希尔勒的《大脑思维是计算机程序吗？》（*Is the Brain's Mind a Computer Program?*）和“拥 AI”的丘奇兰德夫妇（Paul and Patricia Churchland）的《机器能思想吗？》（*Could a Machine Think?*）。这两篇文章大体上仍集中于上述的语法和语义之争，它们可以说是对“希尔勒论题”争论的一个总结。

AI 有没有自我意识与自由意志？

在提出中文房间时，希尔勒的文章还有一个中心思想：无论我们把计算机程序写得如何复杂，它也无法出现人脑所拥有的一项特质——意向性（intentionality）。他在文章的结尾写道：“无论大脑如何产生意向性，这一过程肯定不等同于一个计算机程序。因为单靠计算机程序本身，绝不足以产生意向性。”

希尔勒在这里用的“意向性”一词，显然是整场 AI 争论的核心。不过我们常用的字眼，则是自我意识（self-consciousness）和自由意志（free will）。归根结底，有关 AI 的最大争论是“我们可以造出一部拥有自我意识和自由意志的机器吗？”

这里要澄清的一点是，AI 研究分“弱 AI 命题”和“强 AI 命题”。前者追求以机器人来模拟人类部分“智能”活动，包括数学演算、逻辑推理、下棋、自动导航，甚至包括医学诊断、经济分析以及与人作模拟式的简短交谈等。直至今天，最先进的工业机械人不过是弱 AI 范畴的产物。这些产物对科技和经济发展的推动固然极其重要，但并非我们谈及的“AI 争论”的对象。有关 AI 的重大争论，针对的是“强 AI 命题”。这一命题认为，人类终有一天能够造出一部不但在“认知”和“思维”能力方面皆与人类无异（如果不是更优胜），同时也能认识到自己存在的机器。

图灵试验与自觉的心

其实早在1950年(即计算机面世后数年)，英国数学家艾伦·图灵(Alan M. Turing)便发表了一篇名为《计算机器与智能》(*Computing Machinery and Intelligence*)的经典文章，揭开了对“强AI命题”争论的序幕。虽然当时的计算机与今天的不可同日而语，但科学家和哲学家对“计算机能否思考？”这一问题已是争论不休。图灵在这场争辩中颇有感触，大家对思维的定义往往各不相同，于是执笔写了这篇文章，提出了著名的图灵试验(Turing test)，以作为判定机器是否拥有思维能力的标准。

什么是图灵试验？与中文房间一样，这也是一个拟想实验。假设房内有一个人和一台计算机，房外的人可以通过打字机或屏幕显示分别与房中两者交谈。图灵的论点是，如果任凭我们通过各种刁钻的问题也无法识别房内哪个是人、哪个是计算机，那么便不得不承认，房内的计算机已经具有与人类一样的思维能力。也就是说，它懂得思考。

图灵试验

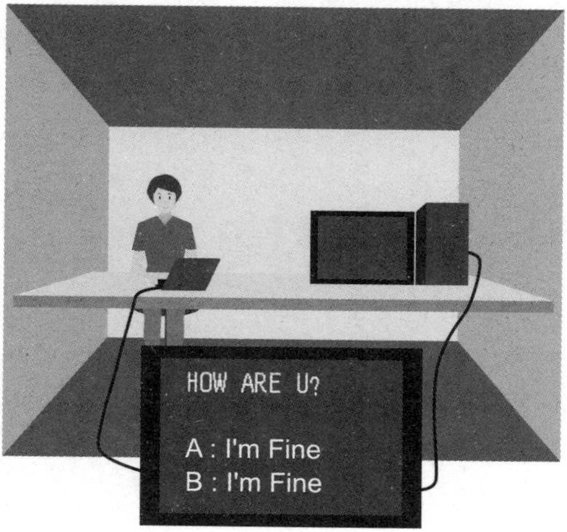

◀如果任凭我们通过各种刁钻的问题，也无法识别房中哪个是人、哪个是计算机，那我们得承认，房内的计算机拥有与人类一样的思维能力。

图灵试验为思维确立了一个运作性的定义。自此，“强 AI”的拥护者有了一个明确的目标，那就是要制造出一部能够通过图灵试验的机器。显然，希尔勒在 1980 年的中文房间其实是对三十年前这篇经典之作的抗议。希尔勒认为，无论一部机器表面看来如何聪明，它仍只是一部机器（或只是一个程序）而不可能拥有真正的思维，更不用说真正的思想、感情和意志。简而言之，希尔勒强迫“强 AI”的拥护者面对这个问题：姑且不论某部机器能否真的通过图灵试验，你们真的认为机器能够拥有思想、感情，即拥有自我意识吗？

大部分的“强 AI”拥护者对上述问题的答案其实是肯定的，只是他们不愿意宣扬这一观点。为什么呢？因为这牵涉一个形而上学的问题，很容易给人扣上“不科学”的帽子。因为自我意识是永远无法确立的。我固然知道我自己存在，即我有自我意识。但假如一部计算机向我们宣称：“我知道我自己存在！”我们有什么办法去判定这句话为真，而并非一些极其巧妙的程序所产生的结果呢？

诚然，一个个体是否拥有自觉的心（a self-conscious mind）可能是永远无法得知的事情，但这正是整个问题的关键所在。如果回避了这个问题，那么所有关于 AI 的争论就失去了意义。事实上，既然我们承认其他人有自觉的心，那么自然也不应惧怕谈论机器是否可以有自觉的心。毕竟，这才是我们心底最关注的一点。

皇帝的新脑

像时间起源一样，自我意识可说是宇宙间一个深不可测的谜。千百年来，不少人为解开这个谜而费尽心思。在哲学探求中，这便是著名的“心、物问题”，以及“自由意志与决定论”这两大课题，同时也牵涉本体论中“唯物”与“唯心”的古老争论。究竟现代科学的进步，对上述这些问题带来了什么新的启示呢？而这些启示对“强 AI”的拥护者是好消息还是坏消息呢？彭罗斯(Roger Penrose)在他的著作《皇帝的新脑》(*The Emperor's New Mind: Concerning Computers, Minds and the Laws of Physics*)中企图回答这些问题。

牛津大学数学讲座教授彭罗斯(Roger Penrose)，是当代著名的数学家兼物理学家。20世纪70年代，在研究黑洞时空结构的问题上，他曾提出著名的彭罗斯图(Penrose diagrams)。1988年，由于他在科学研究上的贡献，曾与著名的物理学家霍金(Stephen Hawking)共同获得沃尔夫奖(Wolf Prize)。

厚达450页的《皇帝的新脑》是彭罗斯的第一本科普著作。在书的前半部分，他花了大量篇幅探讨这样一个问题：对真理(即使只局限于逻辑和数学上)的追寻，是否可以用程序化步骤(algorithmic procedures)体现？人的思维是否可以化为不同的程序(algorithms)，而最终归结为计算机程序的运作呢？

▲《皇帝的新脑》(*The Emperor's New Mind: Concerning Computers, Minds and the Laws of Physics*)，彭罗斯(Roger Penrose)著

与哲学家希尔勒一样，数学家彭罗斯对上述问题的答案最终也是否定的。相较于中文房间实验的雄辩式指责，他对问题的分析深刻且全面多了，其间涉及图灵机

(Turing machine)的休止问题、芒德布罗集合(Mandelbrot set)与非递归(non-recursive)数学、希尔伯特的公理化纲领(David Hilbert's axiomization program of mathematics)和哥德尔的不完备性定理(Gödel's Incompleteness Theorem)、可计算性(computability)和复杂理论的概念……其中最重要的就是，是否所有数学问题都可以程序化，即由一定和有限的程序来解决。以著名的芒德布罗集合和其他古典问题，例如丢番图方程(diophantine equation)的整数解为例，他说明这是不可能的。

思维和意识既无法化为程序的运作，那是否表示它们超乎了科学研究的范畴呢？彭罗斯的答案既是肯定的又是否定的：他认为整个现代科学架构中欠缺了极关键的一环，以至我们无法了解自我意识的本质；同时，他也认为这一缺环并非神秘不可知的事物，而是最终可以被科学破解的。

彭罗斯进一步大胆假设，这一缺环可能与现代物理学中的两大困惑有密切关系，那便是量子力学中有关波函数坍缩(collapse of the wave function)这一核心观念所导致的种种有悖常识的后果，以及引力场还未能完全量子化而与自然界的其他基本作用力统一起来这一问题。

花了百分之八十篇幅探讨上述问题后，彭罗斯提出了“单引力子判据”的大胆假说。假说认为，只要物质和能量分布所导致的时空曲率达到单引力子的水平，量子力学中的线性叠加原理便会失效，而在其处的波函数便会发生坍缩，归约成本征态(eigenstate)。根据他和阿希提卡(A. Ashtekar)的粗略估计，倘若这一假说成立，质量为 10^{-7} 克左右的粒子波函数都会坍缩。也就是说，粒子的运动规律会接近经典理论。

从“单引力子判据”出发，彭罗斯希望可以通过广义相对论影响和改造量子力学，特别是解决波函数坍缩所导致的困境，从而创造出一套涵盖量子力学和广义相对论的崭新物理学。这套新的物理学目前仍是未知的领域，是一个梦想。但他认为，也许这正是打开自我意识之谜的钥匙，也是判别人类思维与计算机程序的关键。

这的确是十分新鲜且极具启发性的一个观点。它倘若成立，对“强 AI”的追寻究竟是好消息还是坏消息呢?

通过了一个寓言式的楔子和后记，彭罗斯清楚地表明，他这本书的结论是对“强 AI”命题的否定。由于在目前的人工智能研究之中，还未曾包括他所提出的缺环，因此研究的纲领好像“穿”在皇帝身上的“新衣”，是一种自欺欺人和永远无法实现的梦想。这正是书名《皇帝的新脑》的含义。

最后答案：人工智能与生物进化

从本文一开始，大家也许已经看出，笔者其实是个“强 AI”的拥护者。多年来，笔者看过不少反 AI 的论调，却始终未为所动。然而，彭罗斯这本著作和其他的论调不一样，它的立论是有大量数学和物理佐证的。但这是否表示我已放弃原来的立场，接受人工智能只能是空中楼阁这一结论呢?

事实却不是这样的。因为彭罗斯所否定的“强 AI 命题”，只局限于程序的执行可产生意识这一特定形式，而笔者所信奉的却是人类可制造出一部拥有自我意识的机器。至于这一目标要如何实现，当然有待科学技术的不断进步。例如近年兴起的联结主义(connectionism)，便将研究重点从计算机程序设计转移到神经网络结构(neural nets)的演化和自我学习机制的模拟方面。从这个角度看，彭罗斯的观点对人工智能的追求其实是好消息而不是坏消息。因为只要我们找到他所提出的缺环，便可以将意识的研究放到一个坚实的科学基础之上。这对创造有意识的机器来说，当然是奠基性的一大步。

究竟是什么令我深信人工智能终能实现呢？是生物进化这一科学事实。我们也许能够颇为肯定地认为，病毒和细菌并不具有自我意识。可是青蛙呢？麻雀呢？狮子、猩猩或海豚呢？三个月大的孩子呢？……

事实上，无论是我和你具有的意识，或上述不同程度的意识，同样都是生物进化的产物。我们今天高度发达的意识并不是自古便存在的。南非猿人、能人、直立人以及尼安德特人等，都应该拥有不同程度的自我意识。

也就是说，意识只是物质复杂到某一程度后所产生的现象。显然，这种现象还会随着生物的继续进化而不断产生新的内涵和特性。

生物进化已经有数十亿年历史，人工智能的发展却只有数十年，难道这一简单的事实还不明显吗？

▲生物进化已经有数十亿年历史，人工智能的发展却只有数十年。

第 三 部

从“论自然”到“谈真理”的思辨探问

论自然之一

哲学家之特质 7

哲学家眼中没有所谓的“理所当然”！

老子的《道德经》是我们非常熟悉的典籍之一。从下图的句子可知，在万物的秩序当中，“自然”被老子赋予最崇高的地位。在众多常用的词汇里，“自然”是一个十分奇妙的字眼，它可以是名词，也可以是形容词。在本篇中，我们会集中讨论作为形容词的“自然”。至于作为名词的“自然”，我们会在下一篇中探讨。我们很快会看到，这些“自然”会令我们对很多习以为常的事情产生崭新的看法。

老子《道德经》曰：
“人法地，地法天，天法道，道法自然。”

日常生活的自然

“自然”作为一个形容词，究竟何谓“自然”呢？何谓“有违自然”？笔者认为，我们至少可以从三个角度进行分析：

1. 自然与正常之间的关系。

2. 自然与理性之间的关系。

3. 自然与合乎情理之间的关系。

与其进行枯燥的理论分析，先让我们通过一些生动活泼的日常例子来说明一下：

1. 我喜欢自然的风景，多于宏伟的人为建设。

2. 我最讨厌浓妆艳抹，不施脂粉的自然美是最好的。

3. 你这个姿势太造作了，放松一点、自然一点吧！

4. 你有没有注意到，自从那个女同学来了之后，他的举止一直不太自然。

5. 他听到有人出言侮辱他的父母，勃然大怒也是很自然的事吧！

6. 他受了这么大的打击，一时间意志消沉也是很自然的。

7. 人往高处，水往低处流是再自然不过的事情。

8. “弱肉强食，适者生存”是自然规律，谈不上什么是非善恶。

让我们就此打住。即便这几个例子我们已可看出，作为一个形容词，自然带有很强的正面性、肯定性、原始性，甚至还有无法改变的意思。

自然就是好？

在例 1 和例 2 中，无论涉及的是风景还是一个人的容貌，没有经过人为改动的原貌是最好的（今天流行的一个形容词是“原生态”）。但是否所有人都认同这个看法呢？

依笔者看来，虽然大部分人都可能认同这种看法，但很少人会认为这是绝对的。试想想，无论在绘画还是艺术摄影中，天涯海角的一座灯塔，或是雾绕山峦中的一座寺庙，都可以带来另一种美感甚至另一种境界。在容貌方面，浓妆艳抹在演出舞台剧时确有其需要，即使在日常生活里，淡素娥眉也可能胜于完全不施脂粉（特别是在喜庆的日子里）。

在例 3 和例 4 中，强调的则是我们的行为举止。拍照时，自然而然放轻松的姿势是好的，刻意和造作是不好的。“举止不太自然”主要是一种客观描述，“好”与“不好”的含义没有那么强，但也包括“有反常态”的意思。

这便把我们带到“自然”隐含着的“常态”这层意义。行为举止偏离常态谓之“不自然”。虽然这个形容词往往带有贬义，但在更高一个层次来看也不尽然，例如在现代舞蹈（甚至古代舞蹈）之中，我们会故意做出一些“不自然”的姿势和动作（例如敦煌壁画中的“反弹琵琶”）。假设一个小伙子忽然看见他心仪已久的女孩出现在他面前，那么他张口结舌，举止失常也是自然不过的事情。

在例 5 和例 6 中，自然又有另一层稍微不同的意思。“勃然大怒”和“意志消沉”之所以被形容为自然，其实包含着“合情合理”甚至“无可避免”的意思，再进一步就是“情有可原”和“不应（过分）苛责”。

在例 7 和例 8 中，这层意思被进一步强化。“人往高处，水往低流”便有一种“天经地义”甚至超越对错的含义。“弱肉强食，适者生存”更是说得清楚不过。既然是自然规律（即不能由人的意志所转移），那么它便超越善恶，从而超越道德。

看！从原貌的可欲性，到行为的合理性，再到超越道德……自然一词的含义可真的不简单。

不止不简单，其间更是充满着争议。就以最后一个“弱肉强食”为例。我们用这个例子时，一般是形容自然界中“狮子扑兔”等情境。没错，如果我们同情弱小，便会希望兔子能够逃脱。如果兔子每次都能逃生的话，狮子便会活活饿死！这样一来，我们只是将一种残忍换成另一种残忍罢了。

“狮子扑兔”只是自然界向我们提出的最基本挑战。生物学的研究带来了更多的挑战——“鸠占雀巢”有违自然吗？俗称“黑寡妇”的蜘蛛在交配后把雄性蜘蛛吃掉呢？某些蚂蚁之间的战争和蓄养奴隶呢？

对于这些自然界中的现象，我们大多会说：“这是‘超越道德’的。”但这些“弱肉强食”“鸠占雀巢”等是否也适用于人类社会呢？如果不可，又为什么不可呢？这个疑问，可说是道德哲学中最大的一个课题。

如果我们说“弱肉强食”是自然规律，那么在人类世界里，我们为何会批评“以强凌弱”的行为？如果“优胜劣汰”是自然界的法则，我们以律法去保护弱小是否有违自然呢？老子不是教我们“道法自然”吗？

这里的奇怪之处是，最初“自然”似乎是我们将事物合理化的“盟友”；后来，它却成为我们建立伦理道德规范时的“敌人”。

▼如果我们同情弱小，希望兔子能够逃脱，那么狮子便会活活饿死！这样一来，我们只是将一种残忍换成另一种残忍罢了。

自然的不简单与复杂性

自然是一个具有重大参考价值的观念，但它是一个不太可靠的盟友。即使它转友为敌，我们在建立道德规范时也可以(甚至必须)战胜这个“敌人”。

今天，“自然”这个议题已经超越学术讨论的层面，而具有重要的现实意义。例如我们对有机耕种和有机食物的追求、对自然分娩和母乳喂哺的执着、对千人一面的整容潮流的排斥……背后都包含着崇尚自然的思想和价值。这当然不是什么新鲜的东西，本于老子、庄子的思想，魏晋时的“竹林七贤”便鄙夷虚伪的文明社会而鼓吹回归自然。

为了更好地看清自然背后的复杂性，让我们尝试回答以下的问题：

- 穿衣服自然吗？要知人类的祖先自七百万年前跟黑猩猩的祖先分家以来，绝大部时间都是赤身露体的。

- 吃熟食自然吗？同样的，人类在数百万年的进化历史中，绝大部分时间都是茹毛饮血的。
- 吃素食自然吗？人类食肉已有数百万年的历史！
- 烹饪时加入调味料有违自然吗？
- 治病有违自然吗？如果疾病是自然界“优胜劣汰”从而令物种变得更强大的手段呢？
- 将死去的人埋葬合乎自然吗？火葬呢？天葬呢？
- 杀牛宰羊的祭祀有违自然吗？

- 将马和驴交配，从而产生不育的骡子有违自然吗？
- 将自由自在的狼饲养成家犬，还要通过人工交配培育出不同品种的狗有违自然吗？

从以上的例子可知，何谓“自然”，其实不是一个简单的问题。让我们再看看：

- 天天刮胡子自然吗？经常理发自然吗？
- 化妆自然吗？年纪大了将白发染黑有违自然吗？穿耳洞自然吗？文身自然吗？
- 整容自然吗？隆胸自然吗？回春医学（如以往流行的输入脐带血、注射羊胎素，现在流行的注射肉毒杆菌等）自然吗？
- 把全身的肌肉练得非常发达的健美比赛有违自然吗？
- 运动员吃兴奋剂以提升表现有违自然吗？吃蜂皇浆、燕窝、人参等又怎么样呢？
- 追求长生不老有违自然吗？

以上每一条问题几乎都可以写成一篇论文，但在此我们只是强调它们的启发作用。

人的繁衍不用说也与自然观念密切相关：

- 独身主义有违自然吗？
- 结婚但选择不要子女有违自然吗？
- 避孕有违自然吗？
- 堕胎有违自然吗？
- 人工授孕有违自然吗？

- 人工分娩(剖腹)有违自然吗?
- 雇用奶妈有违自然吗?
- 用其他动物的乳汁来喂哺婴儿有违自然吗?
- 用克隆(cloning)让已经灭绝的生物(如恐龙)复活有违自然吗?
- 将克隆应用到人类身上有违自然吗?

◀用克隆让已经灭绝的恐龙复活有违自然吗?

再宏观一点的层面，我们还可以会问：

- “上天有好生之德”？抑或“天地不仁，以万物如刍狗”？何者才是自然的本质？
- “劳心者治人，劳力者治于人”合乎自然吗？
- “贫者愈贫、富者愈富”是自然规律吗？
- 墨子提倡的“兼爱”有违自然吗？
- 孔子提出的“大同”有违自然吗？
- 如果“求生”是“本能”，那么“舍己救人”有违自然吗？

至此大家应该十分清楚，在道德的层面来理解“合乎自然”或“有违自然”是多么复杂的一件事。

▶孔子提出的“大同”有违自然吗？

哲学思想中的自然

英国哲学家休谟(David Hume)早在18世纪便已明确指出，我们永远不可能从世界中的“实然”(Is)推导出道德上的“应然”(Ought)。所有这样的做法，他称为“自然主义的谬误”(Naturalistic Fallacy)。

在经典电影《非洲皇后号》(*The African Queen*)中，女主角对男主角说:“我们存在的意义，就是去超越我们的自然本性。”(Nature, is what we are put in this world to rise above.)

女主角口中的“自然本性”，显然隐含着“劣根性”的意思。但问题是，如果“合乎自然”与否不足以作为参考，那么“优”和“劣”的标准是什么呢?

其实早在2500多年前，孔子的“克己复礼为仁”已经阐述了同一个观点。“己”所指的就是一个人的原始欲望和冲动，也就是他的自然本性。而“克己”就是要超越这种本性。

问题是，既然要“服礼”，那么“礼”该由谁定呢?它的标准又是什么?

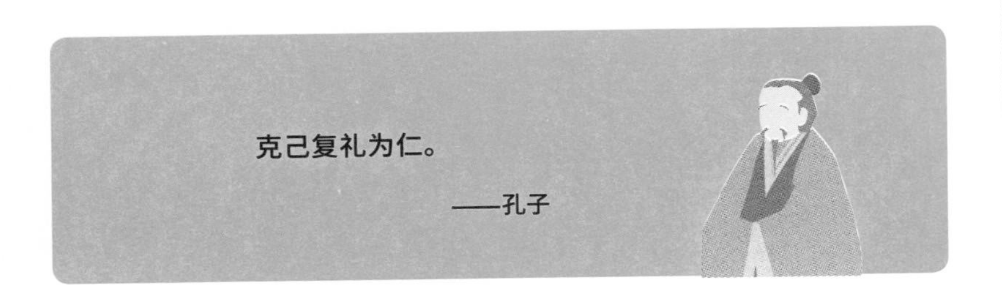

同样，有“丛林哲学家”之称的史怀哲(Albert Schweitzer)这样解释文明的本质：文明的本质是两重的。第一，它要用理性来控制自然；第二，它要用理性来驾驭人的行为。第一点所指的，是我们至此还未探究的作为名词的“自然”，而后者才是我们此刻所关心的。

理性本质上只是一种手段，它无法告诉我们应该追求什么目标。也就是说，史怀哲只解释了问题的一半，而不是全部。

我认为更有启发性的，是培根(Francis Bacon)的这一句话：要征服自然，必先服从自然。今天，“征服自然”这一说法是不正确的。史怀哲所用的“驾驭”一词较容易让人接受。但如果我们回到《非洲皇后号》中的“超越”的话，应该更没有人会提出反对。

的确，要超越局限，我们必须深刻了解局限的本质是什么。正因如此，我认为过去数十年的人类学和演化心理学(evolutionary psychology)的研究，对厘清这个问题作出了极大的贡献。大家阅读至此，当然知道笔者对这个问题的探究，采取的主要是动态的科学分析，而非静态的哲学分析。

由于篇幅关系，我无法详述“是非观念的起源和演化”和“生物演化”之间的关系，在此我只想简单地阐述我的结论。

诠释自然的铁则讨论

我的结论是什么？那就是，“自然”这个观念既是生物演化的产物，也是文化演化的产物，其间既包含着必然性，也包含着不少偶然性。它在我们判断某些行为属于“可取”和“不可取”之时有重要的参考价值，但并不具有最终的指导意义。

那么在进行“是非对错”的判断时，我们的最高指导原则应该是什么？其实孔子已经提供了很好的答案，那便是“己所不欲，勿施于人”。如果将“不欲仍施诸”定义为“伤害”，就是“不要伤害别人”这么简单。西方也有类似的黄金律令(Golden Rule)：“你想别人怎样对待你，你便这样对待别人吧！”(Do unto others what you would have them do unto you.)表面看来两者十分相似，但不少人指出，由于“一人的美食可能是别人的毒药”，西方这种“己所欲施于人”的原则，仍然可能会无意地伤害他人。所以，还是孔子的“己所不欲，勿施于人”更为安全稳妥。

就笔者看来，从道德角度能够挑战无伤害原则（no-harm principle）的，就只有“自由”和“集体福祉”这两大原则。例如，我喜欢进行高度危险的极限运动，如果你因为我可能会受伤而阻止我，那么你的阻止剥夺了我固有的自由，所以对我构成更大的伤害。在“集体福祉”方面，如果一个人的伤害可以换来集体的福祉，或更极端地说，一个人的“无伤害”会给集体带来极大的伤害，我们又该如何取舍呢？

笔者不会深入探讨这些问题，否则本篇会变成一本厚厚的道德哲学论著。我想我的任务已经大致完成，就是指出是否“合乎自然”或“有违自然”会随着社会的演化而改变，因此并非一个很好的道德指引。如果要排序的话，我会把它排在“无伤害原则”和“自由”“集体福祉”之后。（排第四其实也不赖了）

好了，看过了作为形容词的“自然”之后，在下一篇中，我们将一起看看作为名词的“自然”又有什么怪异之处。

在现代社会该如何判别是非对错？

1. 自由
2. 无伤害原则
3. 集体福祉
4. 合乎自然

……

注：以上乃笔者之想法，读者当然可有自己的思考判断。

论自然之二

哲学家之特质 8

哲学家一直在钻研万物之逻辑所在！

在上一篇中，我们分析了作为形容词的“自然”。现在，让我们看看作为名词的“自然”（又称“大自然”或“自然界”，英文则称为“Nature”或“Mother Nature”），其背后又包含着什么有趣的迷思。

《道德经》第五章：
天地不仁，以万物为刍狗；
圣人不仁，以百姓为刍狗。
天地之间，其犹橐籥乎？
虚而不屈，动而愈出。
多言数穷，不如守中。

自然世界与人类世界

《道德经》中所说的“人法地，地法天，天法道，道法自然”，其间的“自然”一词可以有两个解释，一个是“一切存在的事物”，这里的“事物”包括了人、天、地和道，而“道”是“天、地、人”运行的规律。但显然这不是老子的意思，因为如此一来，“人法地，地法天，天法道，道法自然”这个原则将陷于无限循环，因为“人”既是“自然”的一部分，那么“人法自然”也就是从自己身上学习罢了。我相信大部分人都会同意，老子句子中的“自然”是“一切存在的事物”减去了“人和一切人为的事物”的意思。也就是说，自然世界和人类世界是两个不同的领域。

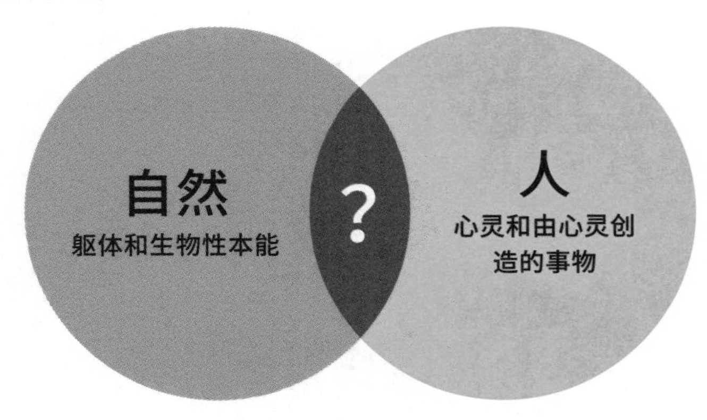

▲自然世界和人类世界是两个不同的领域，它们有重叠之处吗？

当然，不同不等于没有重叠之处。最常见的划分，是人的“躯体和生物性本能”属于自然界的一部分，但他的“心灵和由心灵创造的事物”（如诗歌、建筑和道德观念），则不属于自然世界。这样，诗歌、建筑、道德观念等应该“道法自然”便可言之成理。

这里带出了两个问题。第一个问题是，“自然”不应是无所不包的吗？为什么硬要将“人”从“自然”中剔除？第二个问题是，为什么要“道法自然”呢？既然“人”包含了“不是自然界的部分”，“道法自然”的理据何在？

第一个问题的答案可以很简单，因为所有概念都是由人定的，所以我们可以定义一个“无所不包”的“广义自然”，也可以定义一个剔除了“人的心灵和由心灵的创造物”的“狭义自然”。你可以不同意这样的划分，但也很难阻止某些人做出这样的划分。

至于第二个问题则比较复杂。在上一篇中，我们看过电影《非洲皇后号》中的对白：“我们存在的意义，就是去超越我们的自然本性。”（Nature is what we are put in this world to rise above.）如果我们认同这个说法，则“道法自然”便大有商榷之处。

我们在上一篇看过，人类文明的兴起，正是因为很多行为偏离了自然，其中包括穿衣服、吃熟食、将死去的同伴埋葬等。如果真的“道法自然”，我们便应该继续赤身露体、茹毛饮血，以及任由死去的同伴曝尸荒野。

这样看来，“道法自然”是否说不过去？我相信很多人都会认为，老子的说法其实包含了更深刻的智慧。笔者的看法是，“人的心灵和由心灵的创造物”即使被看成“自然界”以外的东西（狭隘自然论），但这些创造物也不应过分违反人类属于自然界，甚至应该尽量顺应，然后人类才能更较容易得到快乐。

不知大家认为这个看法是否说得通呢？当然，什么时候要“超越自然”，什么时候要“顺应自然”，实在很难一概而论，必须视具体情况才能做出准确的分析和判断。按照上一篇的分析，判断的标准必须包括“无伤害原则”、“自由”和“集体福祉”等因素。

从定义上看，笔者其实是个广义自然论者，而不认同狭义自然论；也就是说，我认为人类百分之百是自然界的一部分。从一个超然的角度看，人类文明也是自然界的一部分，而人类的觉醒就是自然界的觉醒，人类的进步就是自然界的进步……

但笔者也十分明白，在日常讨论中将人类世界和自然世界区分开来也是自然不过的事情(我不是刻意玩文字游戏)。只是我们必须知道，这种区分只是为了讨论上的方便，而并无严谨的科学基础。

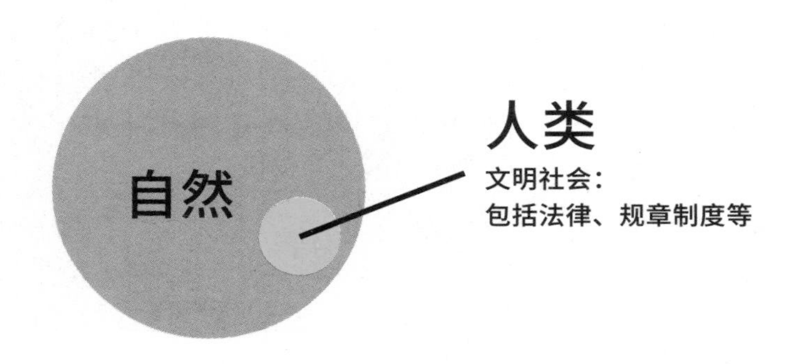

这便把我们带到另一个更为有趣的话题：自然世界和超自然世界的区分。

自然世界与超自然世界

有趣之处在于，热爱自然科学的人虽然不少，但比起热衷于超自然现象(supernatural phenomena)的人，人数上肯定瞠乎其后。如果有两个电视频道，同时播放一个关于自然科学的节目和一个关于灵异现象的节目，不用调查统计你也会猜到，哪一个节目的收视率将会更高(而且是高出很多)。

著名科幻作家海因莱因(Robert A. Heinlein)对此一语道破："如果一些诡异现象被形容为科学所无法解释，很多人将会满怀兴趣、穷追不舍。一旦我们称这些现象已被科学解释了，他们将会觉得这一现象太普通了而兴趣索然……"

从某一个角度看这也是人之常情。我们总是对未知的东西充满好奇，如果这些东西被进一步形容为“神秘不可知”，那么我们的好奇心便会更大。即使同样是科普节目，一个探讨黑洞和外星人的电视节目，收视率也必定会高于一个探讨热力学或珊瑚礁的节目。

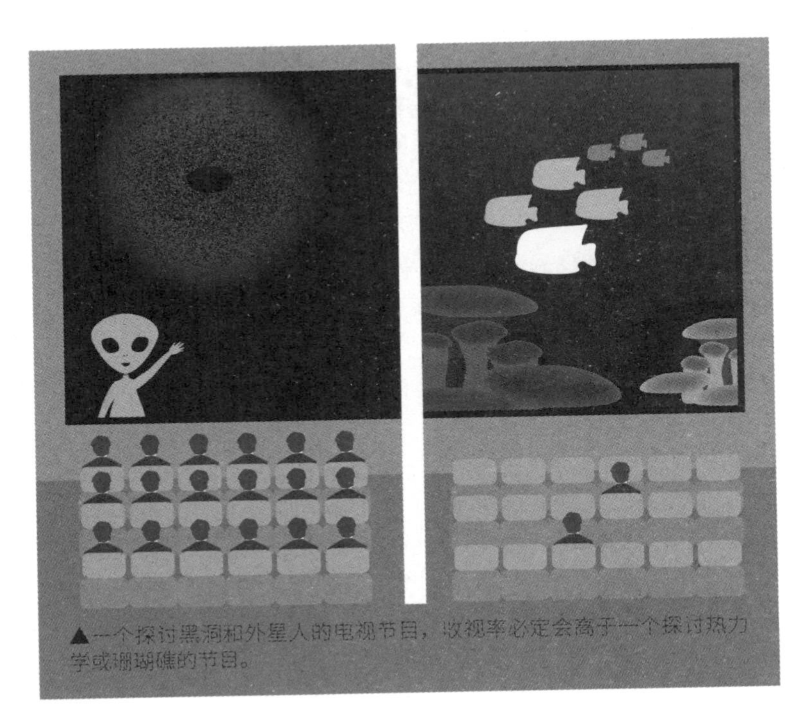

▲一个探讨黑洞和外星人的电视节目，收视率必定会高于一个探讨热力学或珊瑚礁的节目。

如果一些诡异现象被形容为科学所无法解释，很多人将会满怀兴趣穷追不舍。但一旦我们称这些现象已被科学解释了，他们将会觉得这一现象太普通了而兴趣索然……

——海因莱因

但这只是部分的原因，更深一层的解释是，不少这些“灵异现象”都和“灵魂不灭”有关，而这是人类两种最大恐惧的“救命草”。什么恐惧？当然是自己的死亡，以及挚亲的死亡。“灵魂不灭”可以一举为这两大恐惧带来慰藉，诱惑之大是很多人都无法抗拒的。

在笔者看来，对超自然现象的兴趣还有另一层的原因，那就是挑战科学所带来的莫大乐趣。

为什么这样说呢？这是因为科学的修养（知识加上视野）不是一朝一夕可以获取的，其间必须花费大量的时间和精力，一步一步、一层一层地建立起来，中间没有捷径可言。但是，并非所有人都愿意花费如此大的精力（即使只是看科普书籍）让自己认识科学。与此同时，科学已经成为今天的“显学”而主导了不少世界议题，而科学的发明每天都在影响着我们的生活。结果，很多大致上“科盲”的人都有一种被疏离被冷落的无助感，他们既依赖科学又抗拒甚至厌恶科学。如果有人宣称“原来有些事情是科学也不能解释”的话，这些人当然会乐不可支欣然接受（说幸灾乐祸可能有点夸张……）。

在一个更宏观的层面，人类固然有其依赖性、服从性以及崇拜权威甚至畏惧权威的倾向，但与此同时，他们往往也有一种叛逆的反权威和反建制倾向。

像笔者这般热爱科学的人，对上述这些态度自是不以为然。在笔者看来，说“科学是人类物质文明的伟大成就”固然没错，但只是说对了一半，因为科学也是人类精神文明的一项伟大成就。“从了解到成长”是我们每个人必经的阶段，人类作为一个族类何尝不是一样？科学的探讨不歇地加深我们对世界和我们自身的了解，是一股巨大的“人性化”力量而非“非人化”的力量。

七百万个世界奇迹

此外，科学知识所带来的喜悦是没有任何东西可以取代的。有人曾经说过，在孩子眼里，世界奇迹不是七个而是七百万个，而科学家便是能够保存这份童真的成年人。爱因斯坦这样说："我们可以有两种生活方式，一种是觉得没有一样东西是奇迹，另一种是觉得每一样东西都是奇迹。"(There are only two ways to live your life. One is as though nothing is a miracle. The other is as though everything is a miracle.)

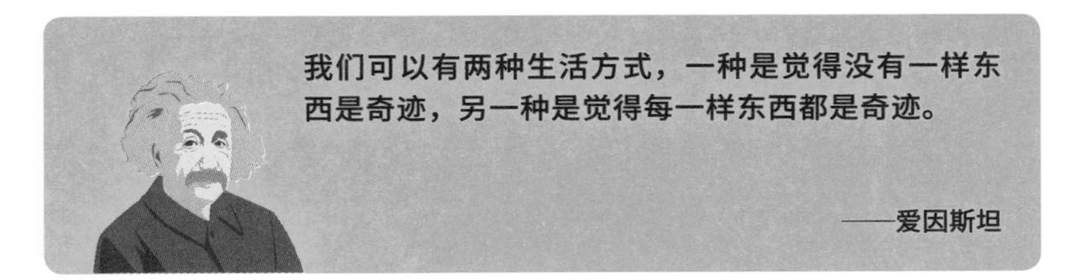

事实上，另一位科幻大师克拉克(Arthur C. Clarke)曾经精辟地说："任何足够先进的科技文明，将会与魔法无异。"(Any sufficiently advanced technological civilization is indistinguishable from magic.)

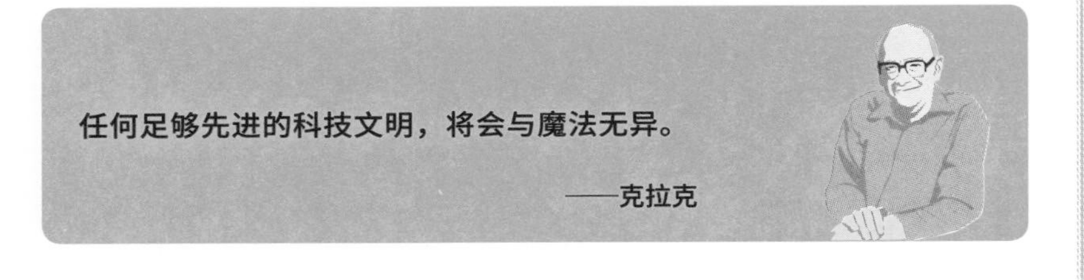

的确，过去数百年来，经科学揭露的自然奥秘和发展出的技术，比起不少童话中的魔法不知奇妙多少倍，但由于它们是科学研究的产物，人们大多不觉得有多神奇。

- 我们觉得“稳如泰山”的大地，原来正以超高的速度在太空中飞驰。

▼我们在漫步的同时，地球彼端的人正在“头下脚上”地漫步。

- 大地是球体这个事实，表示我们在漫步的同时，地球彼端的人正在“头下脚上”（相对于我们而言）地漫步。

- 地球曾经经历过多次冰期，而在冰期的高峰期（最近一次是2万2千年前左右），今天的加拿大，整个英伦三岛和大半个欧洲被压在2000米至3000米的冰层之下。

- 在地球的历史中，我们以为固定不变的海平面其实发生了很大的变化：在冰期的高峰期，这个表面曾经较今天的低200多米；而在两个冰期之间的温暖期，这个表面则比今天的高出一两百米。

▲地球的磁极每隔20多万年便会出现**南、北磁极倒转**的现象。

- 喜马拉雅山每天都在增高。

- 地球的磁极不但会漂移，而且每隔20多万年便会出现南、北磁极倒转的现象。

▼冰期的高峰期，加拿大、整个英伦三岛和大半个欧洲被压在**2000**米至**3000**米的冰层之下。

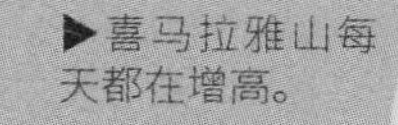

▶喜马拉雅山每天都在增高。

- 高能的“宇宙射线”每一刻都穿透着我们的身体。
- 人是由低等的动物进化而来的。
- 世上千差万别的东西，都由 90 多种基本元素组合而成。
- 最匪夷所思的是，我们看不见、摸不着的各种无线电波正充斥在我们的身边，而只需一部轻巧的智能手机，我们便可以将这些电波转变为我们与朋友即时沟通的渠道，也可转变为我们最喜欢看的电影和电视剧，或是带领我们寻找从未去过的地方……这不是魔法是什么？
- 影音保存技术，令一个精彩的音乐会可以不断被后人欣赏，即使演出的人已死去大半个世纪；同样，它也可令我们不断翻看离世亲人的生活片断，就像他们仍然在世一样。
- 人类没有翅膀，但已比雀鸟飞得更快、更远；人类不能在水中呼吸，但已比鱼类游得更快，潜得更深；我们甚至已经离开这个孕育了我们亿万年的星球，跨越没有空气的太空，从而踏足另外一个天体。
- 物质可以转化成能量、能量也可转化成物质；光既是波也是粒子，电子既是粒子也是波。

▶一部智能手机便可以将电波转变为沟通渠道，变成不朽影音，供人欣赏。

▲▼人类没有翅膀和鱼鳍，也可上天下海，甚至踏足另外一个天体。

- 自从人类懂得释放原子核的巨大能量，一小匙子的“铀 235”即可提供一个小家庭 10 年所需的电能。
- 自从人类发明了氢弹，一个体积如小轿车的炸弹，即可摧毁一个面积如纽约般的大城市。
- 一个物体的运动速度愈高，它的质量会变得愈大、长度会变得愈短，而时间流逝的速率会变得愈慢。
- X 射线的发现，以及往后的超声波和核磁共振（NMR）等透视成像技术的发明，令我们无需把身体剖开便可看到各个内脏的情况……

再说一次，以上种种，不是魔法是什么？

类似的例子当然还可以继续列举下去。就以上这些例子，已可令我们清楚地看出，科学探究所揭示的宇宙奥秘，以及科技发明为人类所带来的“超能力”，已经大大超越了童话世界中的众多幻想。

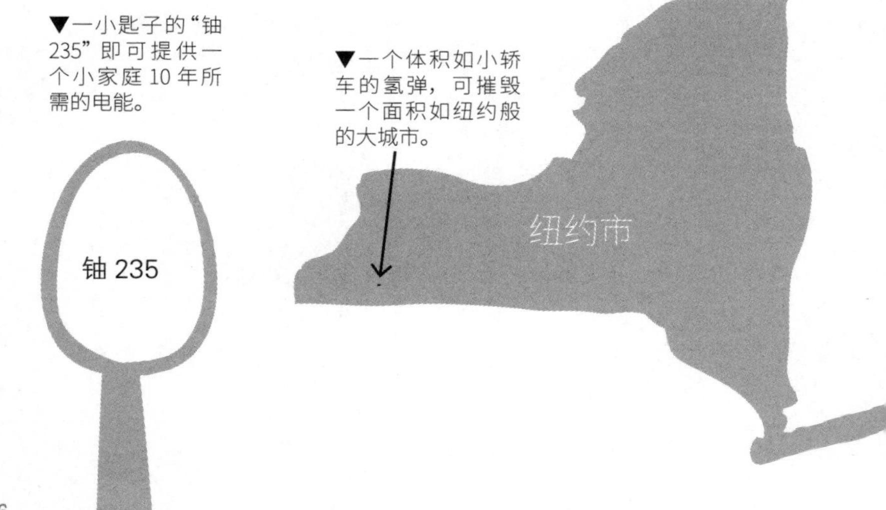

▼一小匙子的“铀 235”即可提供一个小家庭 10 年所需的电能。

▼一个体积如小轿车的氢弹，可摧毁一个面积如纽约般的大城市。

对科学家批判的反辩

热衷于心灵感应、天眼通、念力、预感或与灵界沟通能力等特异功能的人，往往批评科学家封闭、狭隘、思想僵化和不肯接受他们无法解释的东西。殊不知科学家曾经接受的不可思议事情，比他们所相信的还要多得多。在《爱丽斯梦游仙境》中，爱丽斯向红皇后说："我们无法相信不可能的事物！"红皇后的回答是："荒谬！我在你这样的年纪时，每天都花半小时做这样的事情。有时候，我早餐之前便已相信六件不可能事情！"

在科学探求中，事物的可信度不在于它是否合情合理或如何不可思议，而在于支持它的证据有多坚实可靠，并且能否经得起反复的检测和验证。对于重大的假说，科学家更要求有来自不同领域、不同层次的独立证据(multiple lines of evidence)。

这便把我们从科学事实带到科学方法的层次。科学探究的热情和科学想象的大胆，必须受到严谨的科学方法所规范，否则科学便无法成为人类建立坚实可靠知识的有效途径。任何科学家提出了一个大胆的假说后，无论是他本人还是他的同行，首要做的便是尽力尝

试通过观测或实验来推翻这个假说。而原则上，这个假设必须是有可能被推翻的。这便是科学研究中著名的可证伪原则(principle of falsifiability)。

达尔文的好友赫胥黎(Thomas Huxley)曾经说："科学，只不过是条理化的常识。"(Science is nothing but organized common sense.)的确，科学方法的核心精神就是尊重逻辑和证据。这一刻，在地球上某个角落的法庭里，法官们都竭力通过逻辑和证据来断定被告人是否有罪。假如一个深信各种超自然现象的人患了病要接受一种崭新的治疗方法，他也必然要求这种方法已经通过了最严谨的验证和测试。但有趣的是，如果在研究各种超自然现象时，我们坚持采用同样严谨的科学方法进行研究，却立刻会招来他们封闭、狭隘的指控，这不是一种古怪的双重标准吗?

天文学家萨根(Carl Sagan)指出："科学探求要求我们拥有敞开的心智和胸襟，以及富于怀疑和批判的头脑。这是一种十分独特的组合。"(Scientific inquiry demands a unique mix of openmindedness and penetrating skepticism.)这可谓捕捉了科学的精髓。

科学探求要求我们拥有敞开的心智和胸襟，以及富于怀疑和批判的头脑。这是一种十分独特的组合。

——萨根

超自然与所谓科学事实都属无稽之谈

其实，对一个最根本的层次而言，超自然现象是自相矛盾的概念，因此不可能存在。为什么这样说？这便回到我之前提到的“广义自然观”之上。因为按照定义，“自然”是无所不包的，也就是说，即使这个世界有妖怪、神仙、鬼魂、第四度空间、第五度空间，甚至第N度空间，它们全都是自然的一部分，怎么会有超自然之说呢？也就是说，超自然是一个自我矛盾的概念。

要各打五十大板的话，我必须指出：科学事实也属无稽之谈。事实就是事实，我们只有“毫无根据的胡扯”“大胆的臆测”“未经证实的传闻”“经初步验证的假设”“已经被充分验证的假设”“反复经过实践证明的事实”等。而同样的划分当然也应该被应用到超自然现象之上。

最后，我想谈一谈类似《哈利·波特》(*Harry Porter*)故事中的魔法。小朋友(及一些大朋友)对这些威力强大的魔法都非常感兴趣，但作为“科学发烧友”的笔者，立即想到的是，这些魔法有规律可循吗？

答案当然是肯定的，否则剧中的小小主人公也不用千辛万苦来到魔法学院学习，而且要达到某一水平才可升级和毕业。但如此一来，魔法只不过是我们现时所认识的物理规律以外的一套另类物理规律罢了。对这套规律的研究，也应是科学探求的一部分。事实上，相对于牛顿的物理学，20世纪两大革命的“相对论”和“量子力学”，就是彻头彻尾的“另类物理学”。

当然，《哈利·波特》小说和电影中所注重的，不是研究而是实践，这就如我们通过已知的物理定律来苦练跳高、跳远、射箭和柔道等竞技。

“任何足够先进的文明，将会与魔法无异！”其实在古人眼中，我们今天使用的机关枪、火箭炮、轰炸机、潜水艇、鱼雷、巡航导弹、无人机、核武器等不就是威力惊人的魔法吗？不但如此，就连催泪烟、胡椒喷剂、水炮、声波枪、电棒等，不也像《哈利・波特》中在各方对峙时所使用的各种“魔法”吗？

从另一个角度看，魔法之所以吸引人，是因为法力无边的施法者可以呼风唤雨、翻江倒海。但大家有没有想过，“法力无边”其实是一个最大煞风景的意念？因为在这个意念之下，两方对垒只有两种可能性，一是一方法力无边而另一方不是，则前者一出手便胜负已分，何来趣味？至于另一个可能性，是双方都法力无边，那么双方到天荒地老也不会分出胜负，又有什么看头？

简单的逻辑是，任何有趣的剧情只能来自“法力有边”，而“有边”即要符合一定的规律，而符合规律就可能成为科学研究的对象。归根究底，《哈利・波特》必然是一部符合科学（即使那是一套虚拟的科学）的故事。

规律就是局限。想超越局限是人的本性，而人类今天能够上天下海，已经是能力上的高度超越，但这些“超越”永远是相对的而不是绝对的。逻辑告诉我们，绝对的超越会带来不可消除的自相矛盾。“全能的上帝能否造出一块连自己也搬不动的石头？”便是这种矛盾的经典表述。从另一个角度看，超乎科学的“法力无边”一旦出现，宇宙间的一切故事便不可再续写。

让笔者向好奇“超自然现象”的朋友做出邀请：不如多花点时间了解科学探求所揭示的宇宙奥秘，好吗？

谈真理

——借助穿梭时空的外星人视角

哲学家之特质9

哲学家对科学问题抱持着外星人的视角与观感！

“真理”的追求，从来都被“怀疑论”和“独断论”的对立所困扰。我们问：“世上有绝对真理吗？”抑或“所有‘真理’都是相对的吗？”换句话说，有没有客观真理，抑或所有真理都是主观的、虚幻的？尽管这个问题在哲学中特别寻常，但在日常生活里，我们能否找到事实的真相(如果有的话)，也是一个难以确定的事。的确，如果黑泽明的著名电影《罗生门》里的山神都不能确切道出某个下午在树林里究竟发生了什么事情，又怎可寄望哲学家能够揭示“宇宙、人生、天下事”背后的真谛呢？

不断寻求又推翻“真理”的科学家

我们对“真理”的性质在20世纪已经有了深入的了解。因为罗素(Bertrand Russell)、哥德尔(Kurt Gödel)、塔斯基(Alfred Tarski)和蔡廷(Gregory Chaitin)等人的努力，现在我们知道，在任何包含“真理”这个概念的形式系统(formal system)中，都必然包含着“自称性”(self-referentiality)。

再者，在每一个内在一致(internally self-consistent)的形式系统中，无论系统有多完备，总会含有在系统内既不能被证明也不能被反驳，却在系统以外可见其为“真”的陈述。这意味着，任何想将所有关于“宇宙、人生、天下事”的真理包揽在单一个规范框架内的企图，注定是白费心机的。不过，这并不是说我们不应该花时间去探求一些有关我们这世界的具体真相。不用我说你应该知道，不懈地做这种事情的人正是我们的科学家。

在人类所有的文化活动中，只有科学家才能自诩拥有持续进步的辉煌纪录。这当然是由于知识在“量”(涵盖面的不断扩大)及“质”(认识的不断深化)两方面不断累积的结果。但正是基于科学的不断进步——科学家提醒我们：科学知识不是永恒不变的，曾一度被奉为金科玉律的定理，有可能被后人的发现所推翻，这在科学史上屡见不鲜——我们必须强调科学知识的临时性(provisional)，而这也是一种明智之举。

建构“真理”的框架

科学家提醒我们所有知识并非永恒不变的，社会学家却喜欢把所有知识都说成是情境建构(contextual)的。情境性(contextuality)是更具涵摄性的一个概念，因为它引进了知识进步以外的其他因素，例如来自种族、性别、历史、社会、文化、政治、经济和心理等。为了方便，以下我将上述所有因素都统称为“社会因素”。

论据是这样的：既然所有“知识”都是在这些“社会因素”之下产生的，那么知识只在某个“社会情境”中才被确认为真，也就是说，具有“情境性”。

自20世纪80年代起，受到“社会建构主义”(social deconstructivism)思潮的影响，学术界出现了把所有科学知识都视为“只不过是一种社会建构的产物”这种趋势。也就是说，这些科学知识的成立与否，不在于认识论上的“有效性”(epistemological validity)，而是取决于政治权力、话言霸权、心理格式塔(Gestalt)、咬文嚼字，甚至是赤裸裸的社会性欺骗。[请注意在后现代思潮里，“建构主义”与“解构主义”(deconstructivism)可被看作为同一样东西。]

格式塔心理学

“格式塔”是德文“Gestalt”的音译，意谓“模式、形状、形式”等，即指“动态的整体”(dynamic wholes)。由韦特海墨(1880—1943)、苛勒(1887—1967)和考夫卡(1886—1941)三位心理学家提出，他们主张人脑的运作原理是整体的，例如我们对一朵花的感知，并非纯粹从对花的形状、颜色、大小等感官信息而来，还包括对花过去的经验和印象，加起来才是我们对一朵花的感知。

·情境性与阴谋论的双重佯谬

当然，我对这种观点不以为然。一方面，我同意知识是具有情境性的；但另一方面，我跟大多数社会解构主义者在理解“情境性”的含义上有很大的分歧。在进一步阐释我的立场之前，先让我提及一些虚拟的敌人（我称之为“稻草人理论”），试试看把它们打倒能给我们带来什么启示。

在竖立起“稻草人”之前，我想先罗列我心中有关“情境性”的可能定义。应用在“真理”时，情境性可能指：

(1) 相对性：我的真理可能是你的谬误；或更广义地说，它在这个文化中是真的，在别的文化中则可能是假的。

(2) 时空特异性：今天为真，明天却可能为假；在这个星系（例如我们的银河系）里是真的，在另一个星系中则可能是假的。

当应用于认知或理性时，“情境性”是指我们的感官及分析能力：

(ⅰ)主观的

(ⅱ)偏颇的

(ⅲ)受制的／有限的

(ⅳ)根本是被误导的

不管上述的含义中哪个成立，其最终结果都与“真理是有情境性的”无异，只需把上述（1）中的“真理”两字转换成“理性”，把“谬误”换成“不理性”便可。

请注意我为“情境性”下定义时，两次皆用上“可能”二字。这是因为尽管有人认为上述的定义在逻辑上无可置疑，我却认为这个问题还未有定论。

下面，让我们先把假想敌竖起(其实不是什么新奇的东西，只不过是把“情境性”这概念推到极限而已)，我刻意把它和“阴谋论”这一概念联系起来，让大家读起来有一点新意。好了，现在就让我们看看：

“终极情境性理论”（The Ultimate Contextuality Theory，可简写为 UCt 理论）

“所有真理都是情境建构的。”——也就是说，并无客观存在的真理。

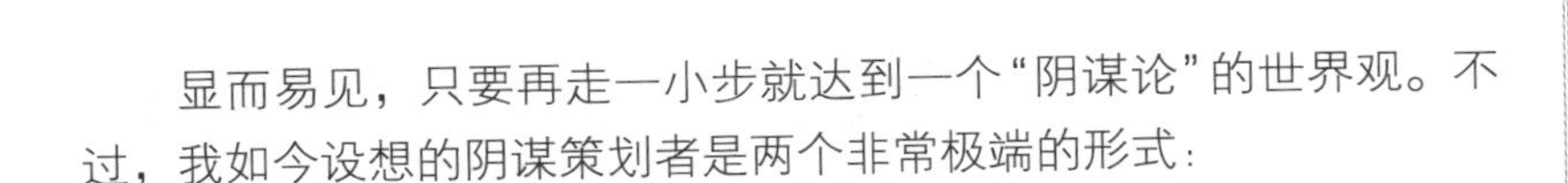

显而易见，只要再走一小步就达到一个“阴谋论”的世界观。不过，我如今设想的阴谋策划者是两个非常极端的形式：

“终极阴谋论”（The Ultimate Conspiracy Theory，可简写为 UCp 理论）

“缸中之脑”或“计算机中的程序”阴谋论

疯狂科学家把活人的脑养在玻璃缸里——这一情节在科幻小说里已经不是什么新鲜的事儿。但这一怪念头却是先由哲学家普特南(Hilary Putnam)通过他的书《理性、真理与历史》(*Reason, Truth and History*)带进哲学世界而声名大噪的。虽然我不完全认同他的结论，但作为一个“假想敌理论”，我们对此不必深究。这个理论的假说就是——

我们所有的感觉(故此也包括了全部记忆)都是一个疯狂科学家所编造的，然后输进我们的脑子里。在缸中的脑子以为自己像常人般生活在一个正常的世界里，而且感觉很真实，但这个世界跟缸外的实验室中的实况毫无关连。

在这计算机主宰一切的年代，上述理论的计算机版本就是我所谓的“计算机中的程序”[又可叫作“机器里的幽灵”(ghost-in-the-machine)]阴谋论。[好莱坞电影《黑客帝国》(*Matrix*)就是以这个题材大做文章的]

科学家把感觉输进缸中的脑子里，脑子以为自己像常人般生活在一个正常的世界里，但这个世界跟缸外的实验室中的实况毫无关连。

不难看出，无论是“终极情境性理论”还是“终极阴谋理论”，都逃不开相同的三个问题。

问题一：

它们都不可被证伪，故是互相矛盾的。

例如，我们无法决定“缸中之脑”和“计算机中的程序”这两个理论谁是谁非。“不可证伪性”并非“终极阴谋理论”所独有。它同样适用于“三分钟宇宙论”、“五分钟宇宙论”和“九星期半宇宙论”等宇宙起源论。

另一个类似的例子是“我们过往和现在的经历，只不过是一个梦。这个梦一旦醒来，我们将回到一个真正的现实。”这个“梦理论”的极致引申是无穷的“梦中梦”理论，即我们醒来所处身的现实只不过是另一个梦而已。这种“推论”当然还可以继续下去。但哪一级的“梦中梦”理论才是真的呢？

问题二：

它们的自反性（reflexivity）会导致无穷递归（infinite regress）的情况。

显然，如果解构主义的任务是解构一切，那么解构主义本身必能被解构（being deconstructed），而解构后的结果又必能被解构……如此无限解构。回到“缸中之脑”理论，如果我们所认知的世界是一个超级智慧植入我们的头脑中，则“缸中之脑”理论也可能是一个超级智慧植入我们脑中的一个骗局，而这个骗局也可能是一个超级智慧植入我们脑中的“骗中骗局”，而这个“骗中骗局”也可能是……如此下去，无穷无尽。

问题三：

它们无所不包的本质，表示已无可再论说的余地。

例如，“世上无客观真理”这话，就不可能是客观的。如果我们身处的现实真是被随意虚构出来的话，那么我们从原则上没有可能超越这一现实来揭露它背后的真相。最终，就会像“真理只可意会不可言传”一样，我们一开口，真理便会消失于无形。

诉诸例外是否是解决问题的方法呢？例如，“除了我之外，所有人都是偏颇的。”可是，这个不能被证伪，因此也容许互相矛盾的陈述并存。

相对主义和有限理性

显而易见，我提出这些“稻草人理论”并把它们打倒，是为了揭示知识的社会研究(social studies of science，简称 SSK)的荒谬之处。

我必须先声明，我绝对尊敬 20 世纪初由韦伯(Max Weber)所开创、突显人类理性的“社会—历史局限性”的学术研究传统。我认为，这一研究大大丰富了我们对人类理性行为本质和模式的理解。在这之前，所有这些行为都只是被笼统地归类为“理性行为”。但我想即使韦伯本人，假若得知他的“有限理性”(bounded rationality)和“工具合理性”(instrumental rationality)等观念，在同一世纪末被用(或被误用)以鼓吹一种近似宗教性的“相对主义世界观”，相信他也会给吓一跳并大感不安。

当然，社会解构主义者会回应，说他们的研究和上述的假想敌理论不能相提并论。他们的研究是基于丰富的经验事实及严谨的学术分析(或许他们会删掉“事实”这个字眼，因为这是敌对阵营的用词，所以是禁忌)。但问题是，如果证据被曲解而分析又错漏百出的话，这种学术研究还是不能保证获得正确的结论。

而我坚称，充斥于解构主义里的“相对性”思维和观点，正是曲解和错误推导的结果。我更认为，如何证明他们的逻辑形式和所导致的结果是否和前述的“终极情境性理论”和“终极阴谋理论”有实质的区别，是其支持者不可回避的问题。

既然“相对主义”似乎是整个问题的关键，让我们对它做更深入的分析。“相对主义”其实可以分为三大类:

(A) 外在世界并不存在

这是一个极端的、唯我论的相对主义。这比“缸中之脑”更极端，起码“缸中之脑”还有一个外在世界——摆满缸中之脑的试验室。

(B) 客观真理并不存在

无论有没有外在世界。当然，一个没有客观真理的外在世界，实在难以想象。较容易想象的是将“客观真理”换成“毫无法则”，即设想有一个不遵循任何法则的世界。

(C) 世上没有客观这回事，即不带偏颇的认知

无论上述 A 或 B 的陈述正确与否都无关紧要。也就是说，即使有客观真理，我们也永远不能掌握。

抱持立场 A 的解构主义者，即使有也是寥寥可数。可另一方面，绝大部分解构主义者即使不开宗明义地支持，也隐隐地假定了 B 或 C 的立场。但最令人气愤的是，你若要他们阐明立场(例如是支持 B 还是 C)，他们大多会支吾以对，矢口否认他们在作任何“本体论”或“认识论”！把话说得重一点，我认为这是他们缺乏学者诚信和骨气的一种体现。

以“反教条主义”“不可知论”作回应

我的哲学立场是怎样的呢？一言以蔽之：反教条主义。较具体地说，就是我们要避免在证据不足的情况下对任何事情照单全收、坚信不疑。我对“信不信神”这观念就是最好的写照——我认为，“神存在”和“神不存在”都是教条。既是如此，“不可知论”（agnosticism）才是唯一可取的立场。

可是，诚实的我还是必须承认，我不是一个纯粹的“不可知论者”。我的见解是，目前的环境证据显示，“无神论”比“有神论”为真的机会更大。所以，我其实是一个倾向“无神论的不可知论者”。

但请注意：无神论既不否定“第一因”的可能性，更不否定“宇宙的存在本身”是一个终极的奥秘。这都不是无神论的立论。无神论只不过是拒绝接受传统宗教所给予的简易答案罢了。因为这类答案把宇宙的奥秘都解释为一个“人格神”的杰作，这是荒谬的。

客观真理存在吗？它们可以通过人的理性来得知吗？我认为不管是绝对肯定的答案，还是绝对否定的答案，都属于“教条主义”。如果我们从个人经验以及人类总体经验出发，我则认为答案必然是“有限度的肯定”。

看到这里，大家也许已比较清楚我的立场。我是一个“科学怀疑论者”。

论“真理”的两种层面

·绝对终极真理

让我进一步阐明我的立场。我要先指出，在学术理论中，“真理”这个字其实有两层含义。第一是“大写”的真理，即宇宙天下间的“绝对终极真理”。这跟知识的“终点”（又称“可穷尽性”）理论有关，例如物质、时空、数学的终极性质等。从原则上出发，有关物质、时空和数学的终极性质，应该有可以穷尽的一天。但这类“终极真理”是否存在，又是否原则上可知，至今仍是一个完全没有答案的问题。

·某一情境下有关某一命题的真伪

另一种真理所指的则只是某一情境下有关某一命题的真伪，这跟知识是否可以穷尽并无关系。例如，地球环绕太阳运行、金比铁重、“泰坦尼克号”被冰山撞沉等。除了相对主义者外，大概没有人会质疑这种真理。问题在于，我们能把这种真理证明到何等程度。

举一个例子，6500 万年前一颗小行星撞向地球，导致恐龙灭绝，已是科学界所普遍接受的一个理论。大多数人会说，“泰坦尼克号”沉没与恐龙灭绝的原因在确证程度上有所不同。也就是说，未来找到新证据显示“泰坦尼克”号是被其他原因弄沉的概率，远小于发现恐龙灭绝是由其他原因所导致的。

◀ 6500 万年前一颗小行星撞向地球而导致恐龙灭绝，已是科学界所普遍接受的一个理论。

如何面对“自然规律”的真假?

我认为有关普遍概念的知识，最好是重申波普尔(Karl Popper)就“假设—演绎模式”的阐释及人类知识增长论述的真知灼见。

由于在波普尔的年代，社会解构主义仍未抬头，他没有对“情境性”这个问题做特定的处理。故此，让我担起这个任务，尽我的绵力尝试处理这个富有争议性的话题。

• 嵌入的程度与超越局限的感知

大家都知道，我们的存在是嵌入(embedded)的。也就是说，我们的禀性、善恶和认知能力，是由我们的遗传基因、家庭背景、教育、社会文化，以及我们通过偶然机会接触到的哲学和思潮所决定的。因此总括来说，我们对世界的每一项认识，无一不背负着文化包袱、理论包袱和意识形态包袱。鉴于此，可能有人已认定不能再做任何有意义的讨论而干脆闭嘴。在我看来这是投降主义。

我们大可以假设——我们的嵌入性(embeddedness)并不是完全的(除非你对“缸中之脑”理论或其中的一个变种理论深信不疑)，而是在不同的领域的嵌入程度不同。下面我列举了三种可能性:

- 嵌入程度(在某一些领域)太深，以致我们根本无法察觉其存在，因此也无从摆脱。好像一条深海鱼无法知道自己活在深海。
- 嵌入程度并非完全，所以我们还可察觉其存在，只是无法摆脱或超越。
- 嵌入存在但可以被超越，只是程度上会在不同时期有所不同。

我们对历史和人类学的深入研究显示，上述的第二和第三种可能性都是真实存在的。因此，我们有理由相信，只要我们试图找出嵌入性限制的性质和程度，我们便有可能超越它，或是即使无法超越，也可领会到它的影响程度。如此的话，有意义的讨论还是可以进行的。

超越“嵌入”：如果我们是深海鱼，有一天，我们知道海洋在宇宙里，是个异数。

让我们先看一个最卑微（这是从哲学角度而言）的例子：一条深海鱼。其实我们都是“深海鱼”，我们都住在一个深海——地球大气层——的底部。从古至今，历史上的大部分时期是人类活在这事实之下而不自知。可是，有一天我们终于超越了这项“嵌入”。现在我们甚至知道，在以真空为主的宇宙里，保护着我们的这个“空气海洋”只是个异数。

更严重的“嵌入”当然是我们的感官限制。无论是视觉、听觉还是嗅觉，我们的感知能力和感知范围都有如“管中窥豹”。以视觉为例，人眼只对整个电磁波谱中百万分之一的区域有感知力，对其余的辽阔区域，我们跟盲了没有区别。然而，过去百多年来，在各种仪器的帮助下，我们已经可以在人眼看不见的光谱区域观察宇宙。

当然，哲学家所指的嵌入性对人类理性构成的局限，显然超出了感官局限对人类理性的限制，层次也深刻得多。但两者却绝非互不相干。今天，没有人会因为电磁波谱有人眼所不能见的部分，从而质疑人类的理性是否有不可逾越的内在局限。但一些人却宣称，社会上和文化上的“嵌入性”，为人类的理性设置了不可逾越的屏障。但这些声称的证据何在？有人可以证明澳大利亚的土著永远无法理解高等数理逻辑吗？抑或外国人永远无法领略唐诗的境界？又或是一些女性主义者所宣称的，男人永远无法理解女性的观点？又或是今天的人永远无法理解春秋战国时期的人的感情世界？

在数理逻辑的层面，哥德尔定理（Gödel's Theorem）固然无可争辩地论证了人类理性的局限，但这显然不是“嵌入性理论”所针对的东西。在生物的层面，也没有人相信我们可以跳出人这个族类的局限性，而学会像蝙蝠一样看世界。但这显然也不是“嵌入性理论”的旨趣所在。撇开了以“本体论”为主的诠释学理论(ontological hermeneutics)，嵌入性理论所最关心的，是人类认知的“社会文化制约”。如果还包括历史的角度，这些制约可归纳为横向的“文化局限性”和纵向的“时代局限性”。

横向的“文化局限性”与纵向的“时代局限性”

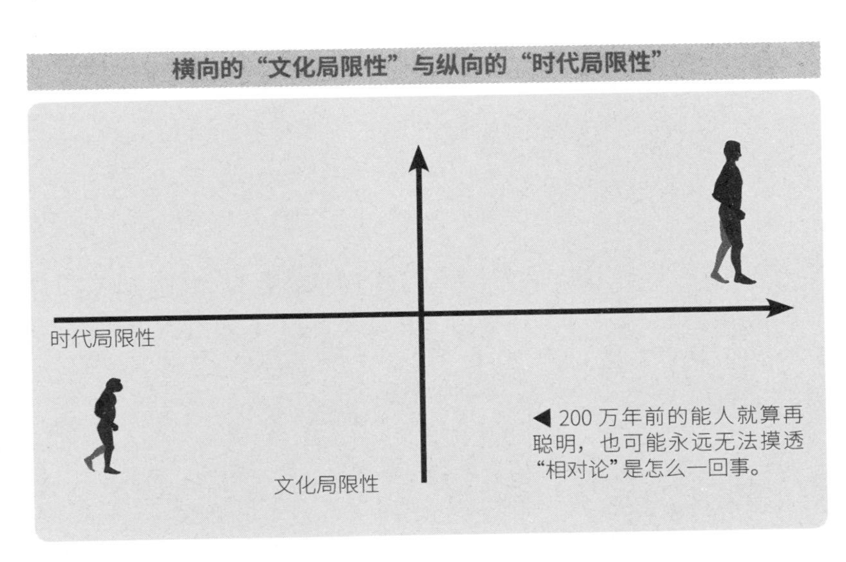

从进化的角度来看，“时代局限性”是真实存在的。正如200万年前的能人就算再聪明，也可能永远无法摸透“相对论”是怎么一回事，宇宙间也可能真的有一些重大的奥秘，以我们现有的智力水平，是怎样也无法理解的。当然，这并不表示人类的后代不会有揭示和理解这些奥秘的一天。天文学家霍伊尔(Fred Hoyle)在他的巨著《黑云》(*The Black Cloud*)之中，尝试描述一个在进化上远远超越人类，我们因此无从理解的超级外星生物；另一个例子是科幻作家莱姆所写的《索拉里斯星》(*Solaris*)。

· “我”的“嵌入”程度——“自知之明”新解

让我们暂时不考虑未来，着眼于现在。现在用这基本假设：我们的确是受认知嵌入局限的，但当我们要认识这世界时，即使不是全部，也有大多数的生物或文化嵌入性是可以超越的，只是程度有差别而已。其中一个方法，是先尽量罗列把“我”定性为“我”这个发问者的属性，然后自问每一种属性怎样影响“我”的理性。举个例子，作者的特性包括（以现时所知）：

❶ 我活在一个于大约 140 亿年前以大爆炸形式起源的宇宙当中；

❷ 我活在一个在膨胀的宇宙当中；

❸ 我活在环绕一颗处于银河系边陲的单恒星（太阳）且自转的行星（地球）表面；

❹ 我是物质造的；

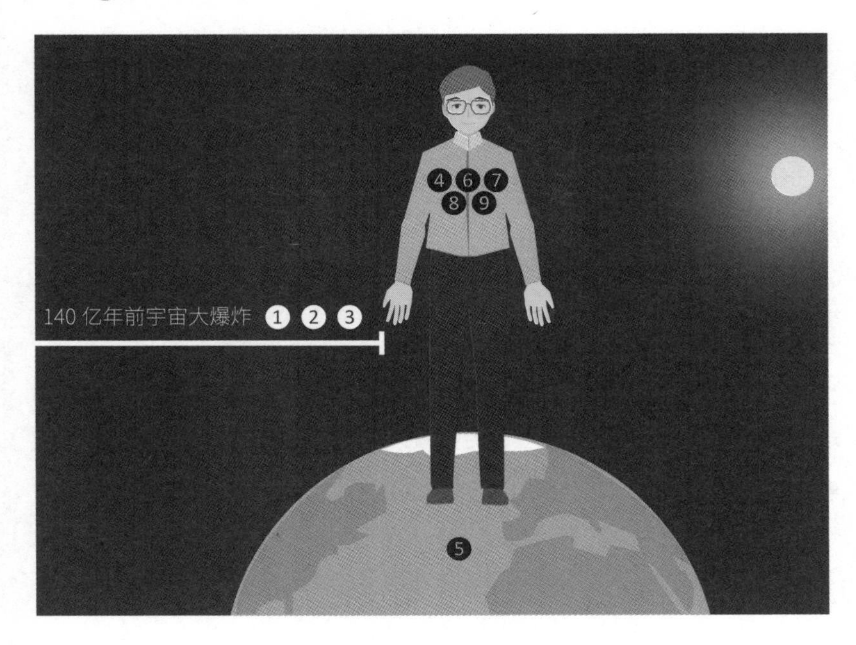

❺ 我活在三维空间；

❻ 我由以碳和水为基础的蛋白质和脱氧核糖核酸组成；

❼ 我是一个多细胞、嗜氧、陆栖、脊椎、杂食、双性（bisexual）的动物；

❽ 我是一头雄性的灵长目（primate）生物；

❾ 我的寿命约为100年。

有人也许觉得以上的描述不切题，我却不以为然。试看第8项描述。如果我是雌性的灵长类，这对我的理性有影响吗？有些人可能会振振有词地说："有！"既然如此，为何不可问："如果人类是单性（unisexual）或三性（trisexual）动物会如何？"这恰巧是我说的"嵌入性"（称之为"局限"也可）只可被承认而不可被超越的意思——地球上既无三性生物，我们根本不能想象第三性是什么，也不能想象作为第三性对理性的影响会是"促进、解放"，还是"妨碍、遏抑"的。

同样，假设人类是素食动物，甚至可以自我制造食物（想象头发可进行光合作用），人类对自然界的感觉和跟自然界的关系又会是怎样的呢？又或是我们住在一个二维的平面世界，我们会有怎样的空间概念？如果人类可以长生不死，那时的伦理道德观念和社会秩序规范又会是怎样的呢？如果我们住在一个正在收缩（而非膨胀）的宇宙，时光会倒流（正如某些宇宙学家所言）而我们对时光流逝的感觉和因果关系的认知和现在的认识会有所不同吗？

上面最后一个例子，可作为人类如何超越"嵌入性"的一个好案例。假设宇宙的膨胀或收缩真的会影响我们的认知，那么在古希腊时期，即使是亚里士多德这样一位学者，也不可能摆脱完全的嵌入——发现宇宙膨胀是2000年后的事。但现在我们知道了，局限着我们的嵌入性即使还未被摆脱，也是减少了。

同理，可以设想，目前我们正受某些自己所不知的嵌入性所限制，但这并不表示，我们以后永远也不能发现它们。说得漂亮点，深海的鱼大概永不会知道自己住在深海，但人类以他的求知精神，一定不会永远处于浑噩无知的境地。

一口气写了那么多的漂亮话也该够了。我相信以下的描述，大多数人都会接受为真正的“嵌入”：

“我是广东人，男性，生于20世纪下半期，在香港长大及受教育，同时受资本主义、中国传统文化和共产主义所熏陶。我爱科学和哲学，无宗教信仰，倾向儒家思想。我的爱好是观星、科幻、古典音乐和中国武术。”

当然，认识了我们的历史局限性，是克服它的第一步。但这第一步只不过是一小步。看了上面的介绍，还是难以推导出我为何对诸如安乐死、人类的无性复制、动物权益、核能、太空探险、人工智慧、民主、全球化等事物所抱持的见解。我们仍然需要理性地逐一讨论上述的话题，其间必须尽可能将我们的立论前提和思想方法阐述清楚，彼此在坦诚沟通和求同存异的精神下共同寻找答案。

·订下"基本假设"的必要

其实我所倡议的克服嵌入性的方法很简单，那只不过是把我们的基本假设先罗列清楚，让所有人都清楚知道和做出公开批评。只有在这个前提下，我们才可展开对宇宙的探索和对事物做出讨论和争辩。在这个过程中，我们应该时刻把这些假设铭记于心，以免你说一套我说一套，大家各说各的浪费时间。

在数学里，这些基本假设叫作"定理"或"公理"（axioms）。简而言之，我所倡议的，是在认识事物时采取一个"公理法"（axiomatic approach）。当然，这绝对不是什么新鲜的事儿。早在 400 多年前，培根(Francis Bacon)便已在他的著作中呼吁人们采取这种常识性的做法。

"非欧几何"(non-Euclidean geometry)的发现，曾被看作为"公理化推论"的一个失败例子。但宏观地看，如果这种方法包括了对公理的质疑，那么正是这种质疑(即对"欧几里得几何的第五定则"的批判分析)促成了 19 世纪"非欧几何"的发现。

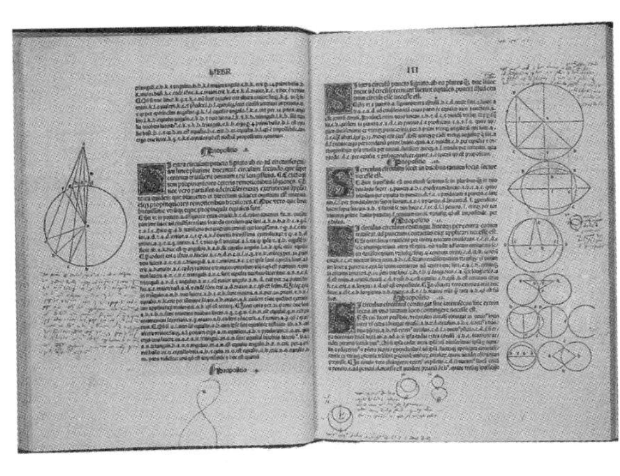

◀古希腊数学家欧几里得的《几何原本》（内文）（1482 年初版）。

古希腊数学家欧几里得的《几何原本》所提出的五条公理

1. 从一点向另一点可以引一条直线。
2. 任意线段能无限延伸成一条直线。
3. 给定任意线段，可以其一个端点作为圆心，该线段作为半径作一个圆。
4. 所有直角都相等。
5. 若两条直线都与第三条直线相交，并且在同一边的内角之和小于两个直角，则这两条直线在这一边必定相交。

然而，长期以来，数学家们却发现第五条公理和前四个公理比较起来，并不那么容易证明，于是有了“非欧几何”，即对欧几里得的第五定则的批判探讨。

虽然在学校做几何题时，老师也会要求我们先列明所有主要的假设(assumptions)，但令笔者大惑不解的是，这个要求背后的精神，为什么还未延伸至人类的其他活动呢？

· 以“当前最佳理性”“开明的渐近主义”处世

根据上述推论，在一个特定的历史时空里，能够让我们进行对宇宙的非矛盾或最小矛盾研究所需要的最小数目的假设，构成了笔者称为该特定时空的“当前最佳理性”(contextual optimal rationality，简称 COR)的核心。

与此相对应的，是我称为“开明的渐近主义”(liberal asymptotism)的哲学立场。我所说的“开明”，是指我们清楚我们的“当前最佳理性”很有可能被修改，甚至会被未来的史学家或哲学家所摒弃。“渐近主义”是指我们有这样的信念，随着知识的累积和哲学的反思，“当前最佳理性”绝对有越来越接近——但永不达到——超境理性(non-contexual rationality)的倾向。

严格地说，超境理性只不过是个概念，或是一个公理性假设。这个假设的基础：姑且不论我们相信世间有关的陈述是全部、多数或少数偏颇，大多数人都会认同，某些陈述比其他陈述偏颇。不过，能做这种区分，表示我们已先设定了有一套不偏颇的陈述，作为比较其他陈述有多偏颇的标准。我们在追求这个“无偏颇陈述”时，虽然不可能百分之百成功，但可以无限地逼近成功。这就是上面阐释的哲学渐近性(philosophical asymptotism)的含义。

就此，也许有人会想起阿奎那(Thomas Aquinas)的推论——我们可在大自然看到美好程度不同的事物，故此必定有一个终极完美的事物，可以让我们做出比较。但严格来说，阿奎那这种推论是不成立的，例如在爱因斯坦的“相对论”中，时空是否出现弯曲，以及弯曲的程度有多大，并不需要一个“平直的时空”作为一个基准，而是可以在体系之内通过一些参数来判断。以此比喻，我们的认识有多偏颇，也不需要我们先找到一个“毫无偏颇的陈述”，即终极的客观真理。简单地说，我们完全可以假设一套“没有最真，只有更真”的真理观，而“当前最佳理性”的价值，并不需要先假设“超境理性”的存在。

没错，“当前最佳理性”必然带有偏颇的成分。在此让我引用爱因斯坦的话：“在宇宙的雄伟诡秘面前，我们的科学既幼稚也非常可怜。可是，科学理性毕竟是我们拥有的最珍贵的东西。”我敢说，将引言里的“科学”代入前面界定的“当前最佳理性”，大概也不会引起爱因斯坦很大的反对。

正如1000年后的史学家，不会责怪现在的我们对他们那时的不少科学知识懵然不知一样，他们大概也不会(起码不会严厉地)批评我们不能超越这个时代的“当前最佳理性”。但注意，即使我们不受批评，我们抱持的“当前最佳理性”在本质上却必定会遭到批评。

总结：“科幻观点”的哲学用途

“……如果我们不能超越人类狭隘的眼光，不懂得把我们的存在放置于一个浩瀚宏大的时空背景和宇宙历史的长河做对比，那么我们的视野将会变得狭窄、肤浅和偏颇。”这是科学家科恩(M.R. Cohen)的名言。可惜，在学术探究中，没有多少学者能真正具备这样的胸怀与见识。

前面笔者引用了“未来史学家”的批判眼光以帮助我们思考。在这终结段落，与其做出一个传统的文章总结，不如让笔者介绍两个有趣的认知工具，以帮助大家超越在作为“认识主体”的“背景和根源”上的局限。这两个工具是从科幻世界借来的，它们是：

- 外星人观点

- 时光旅客观点

· 外星人观点

老实说，以一个外星人的眼光来观察人类世界的事物，就科幻小说的创作而言并不新鲜。早在18世纪，法国大文豪伏尔泰(Voltaire)便在他的作品里做出了这样的描述：有一个外星人来自天狼星，另一个则来自土星。就现代科幻创作而言，令人留下深刻印象的出色作品则有刘易斯(C. S. Lewis)的《离开寂静的行星》(*Out of the Silent Planet*)和海因莱因(Robert A. Heinlein)的《异乡中的异客》(*Stranger in a Strange Land*)。

在一些人看来，科幻只是一些逃避现实、怪力乱神的低俗休闲读物，与严肃文学沾不上边。在笔者看来，这是主流文学界无知的傲慢。但笔者今天不是谈文学而是哲学，我想指出的是，科幻的立足点对克服我们认知的局限可以作出很大的贡献。

在进行哲学和人文的探究时，让我们自问："假如做出观察的，是居住在别的星球上的、经历了不同进化历程的外星人(外星人类学家)，情况会变得怎样？它们的智慧如果远超我们(要知道就算它们在进化上早我们一百万年，这个时间也只是宇宙历史的一瞬)，它们会怎么看待人类的种种行为？又会怎么去理解人类对事物的各种观点呢？有什么我们以为是天经地义的东西在它们看来是完全无法理解的？相反，有什么我们认为是匪夷所思的东西在它们看来是理所当然的呢？就世界观、人生观、价值观来说，会有一些我们认为是严肃和深奥的东西，在它们看来是滑稽和琐碎的吗？相反，会有一些我们认为是滑稽和琐碎的东西，在它们看来是严肃和深奥的吗？"

· 时光旅客观点

比上述更强而有力的观点，是时光旅客观点。理论上，时光旅客有六种，故此时光旅客观点也有六种：

1. 从现在回到过去。

2. 从现在去到未来。

3. 从未来来到现在。

4. 从未来回到过去。

5. 从过去来到现在。

6. 从过去去到未来。

不用多说，我们最感兴趣的是第 1、2、3 及第 5 种，因为它们都是以“现在”为起点或终点。

大家对第 1 种应该不陌生：研读历史就是用现代的眼光回到过往看人与事。这儿有两种态度，第一种态度认为，我们必须尽量模仿当时当地的人那种思维模式和感情反应，以较好地了解他们的所作所为。

第二种态度则认为，必须以今天的“最佳知识、视野”来揭示过去历史的奥秘。不用说这两种态度其实是相辅相成的。

第 2 种时光旅行是不少科幻小说家所努力经营的。在一些优秀的作品中，这个构想出来的未来世界一方面既是呼之欲出地可信，令读者有如身临其境，另一方面却又充满了新奇和陌生的东西，令人感到惊讶和震撼。这样的创作当然不容易，较突出的例子有威尔斯（H.G. Wells）所写的《时间机器》（*Time Machine*）与《当睡者醒来》（*The Sleeper Awakes*）、赫胥黎（Aldous Huxley）的《美丽新世界》（*Brave New World*）、布莱柏利（Ray Bradbury）的《华氏 451 度》（*Farenheit*

451)、克拉克(Arthur C. Clarke)的《城市与群星》(*The City and the Stars*)、班克斯(Iain Banks)的《文明》系列(*the Cultures series*)小说等。电影的例子则有《人猿星球》(*Planet of the Apes*)、《终结者》(*The Terminator*)和《黑客帝国》(*Matrix*)等。其中的题材包括了人类利用生物科技对自身和社会的改造、机器成为人类的统治者、猩猩成为世界的统治者、人类摒弃科技返朴归真等。

第3种“从未来来到现在”式的时光旅行，包含了前述的“未来史学家”的观点。我们可以假想自己是一个来自500年后甚至5000年后的史学家，乘坐时光机回到今天的这个世界。对于未来史学家来说，我们今天所重视的，有多少会留存到后世？又有多少是昙花一现般在人类历史的长河中转瞬即逝？

对科幻有抗拒的人，也许认为第2及第3种未来观点纯属猜想，谈不上学术。我建议他们试用第5种观点。试将自己当成过去的来客，来到现在。不管是来自刚进入新石器时代的美索不达米亚文明、尧舜时代的华夏文明、中世纪的佛罗伦萨，或是明治维新的日本，你可以尝试设身处地通过你的眼睛看今天的世界。有什么会让你会心微笑？深有同感？摇首叹息？或是让你感到荒谬绝伦？岂有此理？又或是超乎想象？大惑不解的呢？换一个角度，在种种“嵌入性”(种族、文化、历史局限)当中，哪一种是你这个过去来客所能够超越的呢？如果你认真地进行这种角色扮演，最后的一个反应可能是：“看！我们的后代把世界糟蹋成这个模样，亏他们还自夸拥有现代科技！”

我不打算细说每种时光旅客的观点。我只想强调，交叉式时间类比视角是揭发嵌入性限制的最有力工具。举个例子，我们可以尽量找出12世纪、14世纪、16世纪、18世纪和20世纪的医生对健康和医药的观念。但这还远远不够。要分析得透彻，我们更应找出每一个时代的医生怎样看上一代的观点，例如18世纪的医生怎样评价12世纪的医学。只有靠观点的演变，我们才有望运用“未来史学家观点”，拟想出22世纪或25世纪的医生会怎样看21世纪的医学。这个习作的用意，是揭发任何掣肘着 21 世纪医生的观念局限。在逻辑上这当然是不太可能实现的（我们今天想得到的，当然不太可能会是未来的新发现），但我们的真正目的不是超越时空违反因果律，而是获得一种解放性的思想启发（heuristic liberation）。

理性的根本精神，是当我们不理性时能承认。可是，我们的非理性未必时时都那么明显，也并非我们所能察觉。我认为，如果我们能够认真而一贯地发扬和运用“外星人观点”和“时光旅客观点”，我们就更能揭发种种内在的非理性，从而建立一个更好的“当前最佳理性”。而这也是达到我们梦寐以求的“真理”的最佳保证。

附记：

(1) 本文是笔者提交悉尼大学与新南威尔士大学合办的研究生学术会议的一篇论文（原题为：《穿梭时空的外星人——人类认知的局限与超越》）。会议当天（我发表论文的那天）刚好是我的四十岁生日。我在悉尼大学研修硕士一年，后转新南威尔士大学进修博士。这篇论文标志着我从悉尼大学的“科学哲学”研究领域转到新南威尔士大学的“科学社会学”研究领域。

(2) 本文的原文是英文。谨此向好友潘昭强致谢，全赖他花了偌大的精力完成了英译汉的第一稿，本文才有机会跟大家见面。

第四部

结合科学、人文的科学哲学

“你可以是科学家，也是哲学家！”
——科学人文主义刍议

哲学家之特质 10

哲学家也可以具备科学家的特质！现代文明在精神上的纷乱和失落，主要源于科学和哲学的割裂。要走出困局，必须重建一个可以协调人类理性、感性和灵性的世界观！

现代科学兴起至今已有 400 多年，初期曾对西方哲学的发展产生重大的影响，并成为启蒙运动的主要精神源泉。不幸的是，自 19 世纪以来，随着科学（最初称为“自然哲学”）与哲学各自不断专业化，两者迅速分家，而且越走越远……

从科学与哲学的分家谈起

很多人认为，科学家在进行研究时若引入哲学的思考，无疑是进行事业上的自杀！致使一些喜爱哲思的科学家，只能以一种业余的姿态进行这方面的探究。

就哲学家而言，对科学有兴趣的可选择研究科学哲学(philosophy of science)这门专业，否则他们可以完全不理会科学知识，而追求哲学世界中的真理。

科学与哲学的割裂与疏离固然有着复杂的成因。但笔者更为关心的，是这一现象导致的后果。直截了当地说，笔者认为现代文明在精神上的纷乱和失落，很大程度上是这一现象的结果。

要为现代文明寻找出路，我们必须建立一套把科学和哲学融通的思想。这种思想我称之为“科学人文主义”。

“科玄论战”的刀光剑影

科学的傲人成就产生了两股相反的思潮，一方面是科学崇拜和科学万能论，最后发展成科学主义(scientism)，甚至认为凡是无法纳入科学研究范围的事物，都是毫无意义的。

另一股思潮则认为，浮士德把灵魂卖给魔鬼以换取知识，正是人类沉迷科学的最佳写照。这股思潮的矛头不单针对科学，更直指科学的基础——理性本身。从尼采、胡塞尔到海德格尔、萨特等形形色色的存在主义(existentialism)，都是对科学和理性的一股巨大反动。

▲浮士德把灵魂卖给魔鬼以换取知识。

在西方，拥护科学的人和质疑甚至反对科学的人，早在19世纪便已各说各的而互不对话。反倒在中国，因为现代科学相对来说是个迟来者，因此在民国初期，两股思潮的碰撞迸发出了火花。

宣扬科学最有力的首推任鸿隽，他于1914年创办了《科学》这本杂志并出任它的编辑，先后发表了《说中国无科学之原因》《科学精神论》《科学与近世文明》等多篇重要的文章。其后陈独秀创办《新青年》高举“科学”与“民主”的大旗，将任鸿隽宣扬科学的开拓性工作进一步发扬。

然而，即使在新文化、新思维的浪潮下，也并非所有有识之士皆认同任鸿隽等人的观点。在五四运动之后不久，学术界即爆发了著名的“科玄论战”。

这场大论战的重点，是科学的探究与人生的价值、意义和取向是否相干。进一步说，科学能否提供一种人生哲学，从而协助我们建立一个更开明和进步的人生观与世界观。

以丁文江为首的一方，对上述问题皆给出了肯定的答案。相反，以张君劢为首的一方，则认为科学只是人类物质文明的成就，对人类精神文明中以“心性道德”为主的追求毫不相干。

这场论战为期数载，参与的著名学者逾20人（包括吴稚晖、梁启超、胡适、陈独秀等），发表的文字多达30万字，要详细介绍当然不是本书所能胜任的。然而，笔者欲在此提出几点有关的思考。

首先，从学术的角度来看，论战的内容，例如分析“心”与“物”的关系，或是“实然”与“应然”（事实与价值）之间的关系等，诚然深度不足，更谈不上有什么突破，但从论战的主题、视野和高度来看，却是科学与哲学一次意义重大的对话。在西方，具有这种高度的对话至今仍未见到过。

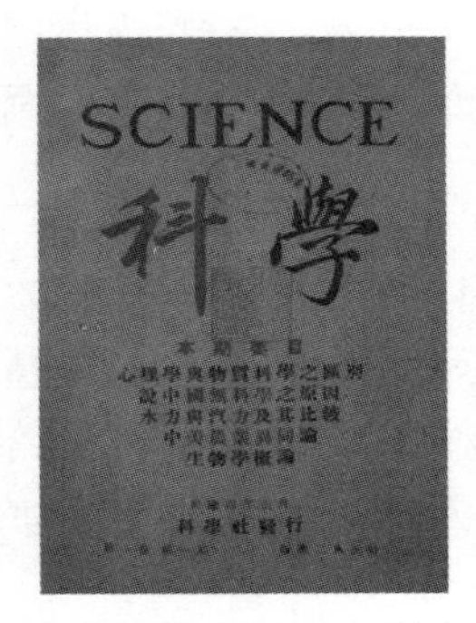

▲任鸿隽于 1914 年创办了《科学》月刊。

▲陈独秀于 1915 年 9 月创刊的《青年杂志》高举“科学”与“民主”大旗，到了 1916 年杂志自第二卷起改名为《新青年》。

此外，几乎所有研究这场论战的学者，都会把它视为一桩重要的历史事件，甚至是中国近代思想史上的一个里程碑来研究。至于论战的结果，他们都认为是拥护科学的阵营获胜。

笔者对这两点都有不同的看法。我认为这场论战没有胜方，甚至可以说两者都是负方。这是因为论战过后，科学与哲学进一步疏离。如果硬说是科学的胜利，那么这是一次空洞的胜利。因为从文化的层面而言，人们对科学是“敬(尊敬与敬畏兼而有之)而远之”，最后是把科学与文化对立起来。

到了 20 世纪中叶，科学与文化的割裂和对立，促使英国学者斯诺(C.P. Snow)发表了著名的“两种文化” (The Two Cultures)的观点。他沉痛地指出，“科学的文化”与“人文的文化”之间的漠视、轻视、蔑视，甚至敌视，已成为现代文明一种不容忽视的病态。

就笔者来看，过去数十年来，虽然有过一些有心人致力将两种文化弥合，但真正的成效甚微。也就是说，无论是我国近一个世纪前的“科玄论战”，还是环绕着“两种文化”的激烈争议，至今没有完全解决。因此，争议的内容不单具有历史意义，而且仍然具有重大的现实意义。

事实上，20世纪下半叶，反科学的浪潮此起彼伏。继承存在主义哲学的，是声势更为浩大的后现代主义思潮(post-modernism)。基于福柯、李欧塔、伽达默尔和德里达等人对理性的批判，拉图尔(Bruno Latour)和夏平(Steven Shapin)等人对现代科学展开了后现代的批判(the post-modern critique of science)。科学界对此最先是感到难以置信，然后是感到极度愤怒，一部分人更奋起还击。一场新的论战又再次展开。

踏进21世纪，这场被称为"Science War"(科学战争)的论战已接近尾声。但问题是，犹如以往的论战一样，这次论战所产生的热，仍然远远超过我们所愿见到的光。

令人更为不安的一点——存在主义虽然对科学理性采取否定的态度，但它也尝试(鼓吹虚无主义的流派除外)树立一套新的人生观与世界观，可说有"破"也有"立"；反观后现代主义，对科学理性的颠覆是不遗余力的，可是在人生观与世界观方面却建树不多，可说是破多而立少。这无疑为世纪之交的现代文明敲响了警钟。

听听学者对"科学"与"人文"的观感

20世纪初叶，史怀哲(Albert Schweitzer)在深入探究他称为"文明的哲学"这个重大课题时，指出了文明的盛衰固然有其物质性的原因，但更为重要的往往是一个文明所具备的精神资源。而这些精神资源的基础，是一个可以协调人类的理性、感性和灵性的世界观："世界观的缺乏，是我们这个时代所有灾劫和苦难的总源头。我们必须协力建立一个有关宇宙和生命的整体理论，才有希望扩阔胸襟，成为一个真真正正的文明族类。"

当然，早于史怀哲就曾有人建立过类似的世界观。然而，在当时这些世界观并没有引起人们的重视。人类在20世纪的下半叶，已经

世界观的缺乏，是我们这个时代所有灾劫和苦难的总源头。我们必须协力建立一个有关宇宙和生命的整体理论，才有希望扩阔胸襟，成为一个真真正正的文明族类。

——史怀哲

对这种宏观的大理论心怀戒惧。由此而引申的问题：我们有什么理由认为，在 21 世纪伊始，我们需要另一套称为“科学人文主义”的大理论呢？

“科学人文主义”并非是另一套大理论，它并没有发现什么历史发展的必然规律，也不会为人类未来的发展提供任何宏伟蓝图。它所追求的，只是科学与人文的融通。

想要让科学与人文达到融通，我们必须先弄清楚，“科学”与“人文”是什么。

让我们先检视后者。所谓“人文”，是指“人文主义”或“人文精神”。什么是人文主义？简言之，它是将人的生命和心灵赋予最高的价值和地位的一种思想、态度和取向。故此坚持“物役于人”而非“人役于物”。

从一个更高的层次出发，一些人文主义者认为，我们必须尊重和珍视的不应只是人类的生命与心灵，而是所有生命和所有心灵。前者当然包括地球上所有生命，甚至地球以外的生命；而后者则可能是地球以外的智慧心灵，甚至是在未来出现的机器心灵。

上述当然是一个十分简化的定义。最具争议的问题是，“人”可以分为个人和集体，如果两者出现利益上的冲突，我们应该如何协调呢？

现在让我们回到科学的定义上。我不打算在此对"何谓科学"这个问题做长篇大论的学术讨论，因为我认为更有启发性的是看看科学家——以及一些哲学家和艺术家——对科学所抒发的观感。

达尔文的亲密战友赫胥黎(Thomas Huxley)说："所谓科学，只不过是受过训练及条理化之后的常识而已。"多年后，哲学家桑塔亚那(George Santayana)则响应说："科学只不过是深化的洞悉。"(Science is nothing but developed perception.)

上述的说法可能有点空泛，更能切中要害的是物理学家西拉格(Saul-Paul Sirag)的这段话："科学的精髓，并不在于复杂的数学建构或精密的实验程序。说到底，科学的核心精神是基于一种赤诚而产生的'不弄个清楚誓不罢休'的执着。"

以上是有关科学本质的一些描述。至于科学的价值，天文学家开普勒(Johann Kepler)说："若说音乐是听觉上的美，而绘画是视觉上的美，那么科学便是心智上的美。"

英国诗人济慈(John Keats)也说："美就是真、真就是美。"美国散文家兼诗人爱默生(Ralph Waldo Emerson)则更清楚地指出："人类将要看出大自然是灵魂的反面，每一部分都相呼应着。一个是图章，一个是印出来的字。它的美丽是自己心灵的美丽，它的规律是自己的心灵的规律。因此把大自然看成自己成就的测量器。对于大自然知道得不够的程度也就是对于自己的心灵还掌握得不够的程度。总之，那古代的箴言'认识你自己'，与现代的箴言'研究大自然'，终于成为了同一句格言。"

爱因斯坦则这样表达他对科学的观感："在森罗万象的大自然面前，我们的科学无疑幼稚和渺小得可怜。然而，它却是我们所拥有的最珍贵的一样东西。"他的另一句话，则强而有力地纠正了不少人认为科学是机械、刻板、冰冷，甚至缺乏人性的错误观念——人类所能拥有最深最美的情感是神秘感，它是一切真科学的播种者。没有这种情感，不懂得好奇和赞叹的人，虽生犹死。

他另一句较为人熟知的名言则是：“想象比知识更重要。”

在森罗万象的大自然面前，我们的科学无疑幼稚和渺小得可怜。然而，它却是我们所拥有的最珍贵的一样东西。

人类所能拥有最深最美的情感是神秘感。它是一切真科学的播种者。没有这种情感，不懂得好奇和赞叹的人，虽生犹死。

想象比知识更重要。

——爱因斯坦

有关想象的重要，牛顿说：“人类受想象力的束缚，远多于他受自然定律的限制。”

小说家纳布科夫(Vladimir Nabokov)的名言则更能把一般人的观念颠倒过来：“科学离不开幻想，艺术离不开真实。”

一般人都以为，科学是“寻找答案”的一项活动，天文学家艾丁顿(Arthur Eddington)对此有更精辟的见解：“在科学的领域，提出问题往往比寻找答案更重要。”而懂得提出问题，正要求我们具有丰富的想象力，当然还需要有求知的热忱。

综上所述，科学与人文在精神上契合之处甚多，实在没有割裂和对立之理。难怪科学史家萨顿(George Sarton)曾经说：“一个真正的人文主义者，必须熟知科学的人品家世，正如他应该熟知艺术的人品家世一样。”

要真正做到科学与人文的融通，上述的要求必须是对等的，因此我们可以补充说：“一个真正的科学家，必须熟知艺术的人品家世，就正如他应该熟知科学的人品家世一样。”

一个真正的人文主义者，必须熟知科学的人品家世，就正如他应该熟知艺术的人品家世一样。

——萨顿

简言之，人文主义者应该拥有科学的修养和视野，而科学家则应拥有人文的修养与关怀。

科学人文主义的定义

前面所谈的主要在于精神境界和个人修养上的融通。但作为一种哲学思想，我们有必要为“科学人文主义”列出较为明确的定义。

笔者认为，有关的定义可以先后分为两个层次。前者我称之为“基本定义”，后者我称之为“强定义”。

- **基本定义：**“科学人文主义”是基于人类知识总和的一种人文主义。
- **强定义：**“科学人文主义”是这样的一种思想——它以“科学的精神”来看待这个世界，以“科学的方法”来探究这个世界，并且以上述两者所获得的有关这个世界的“科学知识”作为它的基本出发点。

由于强定义已经包括了基本定义的内容，以下就让我们集中分析一下强定义中的具体内容。

“科学人文主义”三大要素

1. 以“科学精神”来看待这个世界，就是有好奇心、求知欲，也必须事事求真，有独立、自由的思想，抱怀疑、批判的头脑，持开放、兼容的胸襟，而且愿意接受批评，并拥有承认错误和不断自我改正的勇气。
2. 以“科学方法”来探究这个世界，增进我们对万事万物的了解。
3. 以“科学知识”作为它的出发点。

科学人文主义要求人文主义以“科学精神”来看待这个世界。那么什么是“科学精神”呢?

科学精神的第一个要素是“好奇心”和“求知欲”。我们凡事都喜欢问一句“这是什么”或“为什么会是这样”。我们在一座山的面前，便想知道山后究竟是怎样的；我们登上一座山峰，便想知道下一个山峰有怎样的风景。这种超乎功利的好奇心，是科学探究的最大原动力。

从好奇心与求知欲引申出来的是一股锲而不舍的“求真”精神，也就是之前提过的“不弄个清楚誓不罢休”的执着。而为了求真，就必须尊重事实，不以人废言，并且不容许任何弄虚作假和文过饰非。

再由此引申，一个优秀的科学家必须拥有：独立、自由的思想，怀疑、批判的头脑，以及开放、兼容的胸襟。此外，他还必须愿意接受批评，以及拥有承认错误和不断自我改正的勇气。只要是诉诸权威和诉诸教条的独断倾向，都必须被坚决地拒斥。细想之下，上述这些品质，其实不正是每个人都应该具有的吗?

科学人文主义的第二个要求，是以科学方法探究这个世界，增进我们的了解。

有关科学方法的内涵究竟是什么，究竟有没有一套“放诸四海而皆准”的科学方法，学术界的讨论已很多，笔者不打算在此详细地介绍。

所谓科学方法，是通过实践累积而来的一些揭示事物间内部关系的方法和技巧。这些技巧是不断演进的。今天科学家所用的各种方法，较400年前的不知丰富多少倍。把科学方法作为一种静态的东西来研究，从一开始便犯上了原则性的错误。

更为严重的是不少学术研究都有将科学方法特殊化，甚至神秘化的倾向，这其实是将科学与人文割离的元凶之一。借用赫胥黎对科学的描述，我们必须拨乱反正，明确地指出：“所谓科学方法，只不过是受过训练及条理化之后的常识而已。”

后现代主义者对科学的颠覆，往往在于把科学知识特殊化。而这一策略，使他们可以得出“科学家在实验室中规行矩步的行为，便有如古代的祭司在祭祀时遵循的礼仪”，以及“现代科学对世界的论述，只是有如古代神话般的一种‘伟大的叙述’（Grand Narrative）”这样的结论。

其实，从最根本的角度看，科学方法不外乎逻辑加上证据。论者当然可以对“怎样才算合乎逻辑”和“怎样才算是证据”大加质疑。但试想想，在法庭之上，我们不是都以逻辑加上证据判定被告者有罪或无罪吗？诚然，这绝非一件简单和容易的事情。但归根究底，如果逻辑加上证据足以让我们决定一个人的生死荣辱，为什么同样的东西不足以令我们探究自然呢？

另一点较少人注意的是，科学方法不单包括人和自然之间的对话。广义而言，它还应该包括人与人之间的对话。更具体地说，是科学家与科学家之间的沟通。沟通的内容应该包括研究的成果以及有关的方法和过程，也应该包括各种分析、意见，甚至臆测。只有不断通过这种交流和辨证（按照波普尔的观点，最重要是其他科学家的证伪尝试），科学才能够健康地发展。

科学人文主义的第三个要求，是必须以科学知识作为它的出发点，而这也是基本定义中所列出的要求。

道理其实很简单。人的处境是一切人文关怀的出发点，但要充分了解人的处境，我们又怎能无视这数百年来科学在这方面所带来的巨大知识增长呢？

这些知识可以分为“纵”和“横”两方面。在横的方面，它应该包括物理学、天文学、化学、地理学（包括人文地理）、生物学（包括生态学与神经生理学）、人类学（包括比较宗教学）、考古学、社会学、心理学（包括认知科学和精神病学）、经济学、政治学和伦理学等各方面的知识。

在纵的方面，它包括了宇宙起源、太阳系起源、生命起源、生物的演化、人类的起源、语言和文化的起源、城邦与文明的起源、艺术

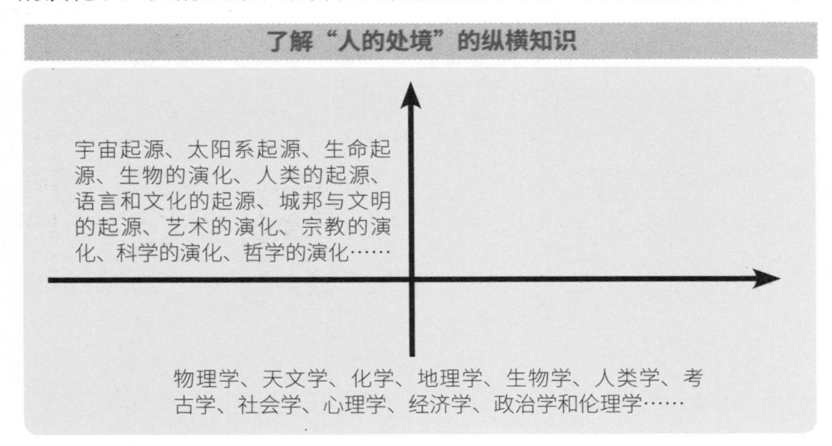

的演化、宗教的演化、科学的演化、哲学的演化等各方面的知识。

也许有人会说，把伦理学和艺术的演化等知识也纳入“科学知识”的范畴，是把科学的涵盖面过分延展了。对此我既同意又不同意，因为我深信知识本无“科学”与“非科学”之分，关键在于我们是否基于客观求真的精神，通过逻辑和证据把知识建立起来。这正是我在基本定义中，只谈人类知识总和而不谈科学知识总和的原因。

关键不在于我们把伦理学和艺术的演化等过程称为知识，而在于我们在考察人类的处境时，有没有将上述的“纵”与“横”的知识包括在内。

在了解中成长，这是每一个人必经的历程。对人类整体来说，何尝不是这样？过去数百年来，人类对于宇宙万物的起源和演化，特别是对于生命的诞生和兴起、人类与文明的来历等重大的问题，已经取得了前所未有的了解。诚然，我们不能说对所有问题都取得了最终的答案，但没有最终的答案并不表示上述的知识没有意义。相反，它们已经大大加深了我们对“人之所以为人”以及“人在宇宙中处于一个怎样的位置”这些问题的了解。

令人遗憾的是，随着哲学与科学的分家，绝大部分的哲学探求与讨论，都对上述巨大知识的增长及加深了解视若无睹。它们追求宇宙的真理，但所涉指的宇宙，基本上是一个没有历史的、静态的宇宙。对于这种哲学，笔者称之为没有历史的哲学(ahistoric philosophy)。

熟悉和热爱哲学的读者对上述的批评可能不以为然。笔者也十分热爱哲学，但我想请读者们做一个简单的试验——在图书馆中找出近代最具影响力的十本哲学著作来阅读，然后回答以下问题：

就理论上而言，这些著作的内容是否完全可以写于19世纪中叶而非20世纪末或21世纪初？从另一个角度看，今天的物理学家已经不用重读牛顿的《自然哲学的数学原理》，生物学家也不用重读达尔文的《物种起源》，因为物理学和生物学已经充分吸纳了这些研究成果并向前迈进。但为何今天不少哲学家却仍然就亚里士多德或康德的著作进行激烈争辩呢？

事实是，单从近代哲学著作中讨论的内容看来，我们会以为达尔文的进化论从未发表、相对论与量子力学的革命从未发生、大爆炸宇宙论从未出现、混沌理论和复杂性理论从未兴起，以及有关人类起源、社会生物学、动物意识、大脑演化、语言起源等研究的突破性发展从未发生。

回应可能出现的批评

笔者至此的呼吁，虽然看似完全合情合理，但我并不抱有天真的幻想，以为科学人文主义会获得思想界的热情接受。相反，我可以想象到，不少学者会对这种呼吁做出猛烈的批评。

带头的批评可能指出“科学人文主义只是唯科学主义”的一种伪装。唯科学主义的哲学基础“实证主义”（positivism）虽然早在20世纪彻底失败，然而，它对现代文明的影响（主要表现为基于“工具理性”的“科技主义”）则至今仍未消散。

从另一个角度出发，更多的人文主义者可能会指出：科学与人文根本互不相干。这是因为科学研究的对象，永远只是这个可以感知、可以触摸的现实世界；而人文主义者所关心的，是超乎这个世界的有关价值、意义、目的和终极体现等问题。简言之，两者的境界完全不同，又怎能谈什么融通和结合呢？

一些论者会指出，所有科学知识都是临时性（provisional）的知识。正如曾经被奉为圭臬的牛顿物理学已被爱因斯坦的物理学所取代一样，爱因斯坦的物理学也可能有一天被一套更先进的理论所取代。要我们把人文主义建基在科学知识上，便有如把城堡建在沙上，那不是十分愚蠢和可笑的吗？

一些论者会宣称：科学，只是把自然界的现象以某一种语言重述。例如昨天我们以牛顿的语言以描述这个世界，今天我们转用爱因斯坦的语言，明天也可能转换另一套新的语言。也就是说，科学只是为了摹描自然界所发展起来的一套语言或形式系统(formalism)，或充其量是对自然现象的一种诠释(interpretative scheme)。归根究底，它与揭示宇宙的真理沾不上边。

在科学哲学中，近似的观点是工具主义(intrumentalism)，即认为科学中的不少(甚至所有)概念和理论，都只是人类在理解自然和驾驭自然时所发展出来的工具。过去，麦克斯韦的电磁理论和电磁概念，使我们的电磁科技突飞猛进。后来，我们通过量子电动力学这一更强而有力的工具，发展出更多令人目眩的电子科技。工具是发展了，但这并不表示它们一定和宇宙的真相挂钩。

在后现代主义的社会解构主义(social deconstructivism)哲学中，科学在认识上的有效性(epistemological validity)更被彻底地推翻。科学被看成是支配性的权力话语(power discourse)下的一种现代神话(a modern form of myth-making)。

另一种同样尖锐的观点认为，科学与人类在灵性上的追求完全扯不上关系。一位论者曾经说："科学对无关宏旨的问题提供完美无瑕的答案。" (Science gives perfect answers to trivial questions.) 他进一步指出，对科学的沉迷甚至会阻碍人类在灵性上的追求。当人类成为科学上的巨人，同时也将成为精神上的侏儒……

以上对科学的种种批评甚是荒谬，包含了对科学的矮化、问题化、局限化、边缘化，甚至妖魔化等倾向。它们在立足点、推论和理据等方面都十分复杂，要逐一分析并不容易。我只想在此指出，撇开一些较极端的观点，整个问题的核心是过去数百年来通过科学所取得的大量知识，与人文主义的探求是否相干这个问题。

对于这个问题，笔者当然持一个十分肯定的态度。我知道我无法代表所有人，仍有很大一部分人在不同程度上持一个否定的态度。对于这些否定的态度以及背后的理据，笔者称之为“不相干(论)的谬误”(The Fallacy of Irrelevancy)。

对这个谬误的深入分析，无疑涉及哲学中有关“事实”和“价值”的相互关系这个古老的争议。哲学家休谟(David Hume)很早便指出，我们永远无法从“实然”推出“应然”的结论，并把进行这种推论的倾向称为“自然主义的谬误”(Naturalistic Fallacy)。较近代的哲学家如普特南(Hilary Putnam)等对此也多有论述。然而，就笔者看来，有关科学人文主义的深层哲学探究，其实较这个古老的争议拥有更为丰富的内容。这些内容包括:

- 事实的定义
- 科学事实的定义
- 理论与事实的关系
- 存在的本质
- 思辨哲学和行动哲学的关系
- ……

只有当我们弄清上述这些问题(或至少弄清我们对这些问题的假设与立论)，才能充分揭示“不相干谬误”的谬误之处。

要全面进行这些探究，可能是一本书的任务而不是一个篇章的任务。本篇的任务是激发讨论。为此，笔者甘冒学术之大忌，在未建构起理论基础之前，先抒发一下我对这个谬误的一些见解。

前文在介绍“科学精神”的内涵之时，其实还漏了非常重要的一点，那便是“知性上的谦逊”。热爱科学的人都深信“伟大的事物都是由卑微的东西所组成的”、“自然界没有卑微的事物，一切都能够给聪明的人予教益”以及“宇宙中没有什么是理所当然的”、“分析最平凡的事物，往往需要最不平凡的头脑”等显浅却又深刻的道理。

相比起来，某些人认为科学知识是临时的知识而不屑一顾的，这显然是一种“贵族式”的傲慢与偏见。

再挖深一点看，大部分哲学讨论其实都带有点儿自大或以自我为中心的性质。为什么这样说呢？因为这些讨论皆把“哲学思维”当做一种既定的存在。虽然哲学家都会承认，哲学思维自有它的演变，甚至有深、浅和高、低之分，但总而言之，我们具有探究这个世界的真相、缘起、目的和意义的思维能力，是一切哲学讨论不言而喻(或论者从没想过)的出发点。

然而，只要我们能以超越本族类及所处时空的眼光观察世界，我们便不得不承认，具有高等自我意识和高等思维能力的存在，在自然界中只是一个极罕有(至今所知的出现数为1)的特例和极其晚近的现象。在多姿多彩的生物界里，其他生物皆没有(或至少没有我们可辨识的)哲学思维的能力，却仍然能够很好地繁衍和生存。而在宇宙的历史长河中，这种能力更只是短暂得几乎不值一提的最新现象。

一个谦卑的结论是：存在并不需要哲学，哲学却必须有赖存在。有点类似今天环保人士所宣扬的“地球不需要人类，人类却需要地球”。如此看来，我们似乎需要先了解存在的具体内容，然后再尝试了解存在的哲学内容。(逻辑上，同时成立的当然是“动物没有科学思维能力，却仍然能很好地生存”“存在不需要科学，科学却必须有赖存在”，笔者对此绝无异议)

对上述的行动指引，我必须补充一点。先了解存在的具体内容，当然是指我们迄今所掌握的、最新的内容。由于人类不断地实践和探究，这些具体内容会不断丰富，而有关的哲学内容，也应不断丰富和深化。

反对者可能会指出：你所说的具体内容其实就是科学知识。但从本质上说，科学知识永远都是临时的知识，又怎能为哲学探究提供坚实可靠的基础呢？

我的回应是，有关科学知识的临时性，其实远远被夸大了。大量的科学知识，如物理、化学、地质学、生理学等，早已成为人类坚实可靠的知识。

在“科学知识临时性”的讨论背后，往往包含着一个概念上的混淆，那便是将我们揭示的种种自然现象与尝试解释这些现象的深层理论混为一谈。就以电磁现象为例，人们对各种电磁现象的认识，数百年来皆没有被推翻。而麦克斯韦把电与磁结合起来的基本电磁理论，在可预见的未来也不会有所动摇。然而，在现代物理学的两大支柱——量子力学与相对论——仍未完全统一起来之前，大部分科学家都会认为，有关电磁作用的更深层理论仍会有所改变。但关键在于，这些改变不会影响麦克斯韦的基本理论，更不会推翻已有的电磁知识。

最后的一点，也是最重要的一点，即使我们对宇宙的认识永远都不完备、永远都有可能需要更新，也绝不妨碍我们按照迄今最完备的认识发展出一套迄今最恰当的人文主义。正如一个人是否具有智慧，往往在于面对不完备的信息之时，是否能够果断地做出“最佳”的抉择，人类的智慧也应作如是观。否定“临时性知识”的意义，便等于否定“智慧”的可能。

未竟之志：结合人类理性、感性和灵性融通的大学系

“科学人文主义”的意念并不新鲜。早在 1926 年，学者斯陶达（Lothrop Stoddard）便以《科学人文主义》（*Scientific Humanism*）为名写了一本书，以宣扬有关的思想。同一时期的数理哲学家怀海特（Alfred N. Whitehead）亦持有十分类似的观点。

第二次世界大战后，作为联合国教科文组织（UNESCO）第一任秘书长的生物学家赫胥黎（Julian Huxley），也曾大力推广这种以科学为基础的人文思想，并宣称这是唯一适合现代文明的一套哲学。

可惜的是，直至 21 世纪初的今天，这些呼吁仍然只属荒野中的呼唤。就以现代的几位著名哲学家如哈伯玛斯（Jurgen Habermas）、德里达（Jacques Derrida）、伯林（Isaiah Berlin）、罗蒂（Richard Rorty）和戴维森（Donald Davidson）等为例，纵观他们的论著与思想，皆找不出把人文主义哲学深刻地建立于现代科学知识的任何尝试。

笔者有一种想法：相对于以神本主义为基础的西方文化，以儒家思想的人本主义为代表的中国文化实乃培育和发展科学人文主义的更好土壤。

《科学人文主义》（*Scientific Humanism*），斯陶达（Lothrop Stoddard）著，1926 年出版。

儒家中的天命思想以及道家中的自然主义思想，与科学人文主义毫无抵触之处。事实上，宋儒朱熹提出“格物以穷其理”的修养之道，与科学人文主义的核心思想更是不谋而合。虽然，当时的“格物”并未包含现代科学“探究自然界的奥秘”的意义，但随着时代的进步，我们当然可以——甚至应该——为朱子的洞见注入新的内容。

大半个世纪以来，我国不少有识之士都在探索如何令儒家思想现代化，并进一步探求如何能使儒家思想对现代的世界文明作出更大的贡献。依笔者的愚见，儒家与科学结盟，从而发展出一套有儒家特色的科学人文主义，正是未来的一大发展方向。只要我们能够真正地拥抱科学，中华文化的深厚精神资源已蕴含着将人类的理性、感性和灵性融通的伟大力量。

要做到这一融通，广泛的讨论甚至激烈的辩论是必不可少的。近百年前，我国的思想先驱对此进行了饶有意义的讨论。在 21 世纪的今天，笔者热切期望，我们能够踏着先辈的足迹，在总结科学与哲学的巨大进展的基础上，从一个崭新的高度为学术界带来一番新的气象。

图字：13-2021-006 号
原作品名称：《论尽哲学——由童心展开的无垠哲思之旅》》
作者：李逆熵

图书在版编目（CIP）数据

藏在科学中的哲学 / 李逆熵著 . —福州：福建科学技术出版社，2022.5
ISBN 978-7-5335-6424-7

Ⅰ . ①藏… Ⅱ . ①李… Ⅲ . ①科学哲学 – 研究 Ⅳ . ① N02

中国版本图书馆 CIP 数据核字（2021）第 057808 号

书　　名	**藏在科学中的哲学**
著　　者	李逆熵
出版发行	福建科学技术出版社
社　　址	福州市东水路 76 号（邮编 350001）
网　　址	www.fjstp.com
经　　销	福建新华发行（集团）有限责任公司
印　　刷	福州万紫千红印刷有限公司
开　　本	889 毫米 ×1194 毫米　1/32
印　　张	5.25
图　　文	168 码
版　　次	2022 年 5 月第 1 版
印　　次	2022 年 5 月第 1 次印刷
书　　号	ISBN 978-7-5335-6424-7
定　　价	25.00 元

书中如有印装质量问题，可直接向本社调换